SAFE PRODUCTION

现代安全生产

事故隐患排查实用手册

曹坤 编著

四川科学技术出版社

图书在版编目（CIP）数据

现代安全生产事故隐患排查实用手册 / 曹坤编著. -- 成都 : 四川科学技术出版社, 2019.4（2023.4重印）

ISBN 978-7-5364-9438-1

Ⅰ. ①现… Ⅱ. ①曹… Ⅲ. ①安全生产—安全管理—手册 Ⅳ. ①X931-62

中国版本图书馆CIP数据核字(2019)第067604号

现代安全生产事故隐患排查实用手册

XIANDAI ANQUAN SHENGCHAN SHIGU YINHUAN PAICHA SHIYONG SHOUCE

出品人　程佳月
编　著　曹　坤
策　划　谢　伟
责任编辑　胡小华
封面设计　艺和天下
责任出版　欧晓春
出版发行　四川科学技术出版社
成都市锦江区三色路 238 号　邮政编码 610023
官方微博：http: //weibo.com/sckjcbs
官方微信公众号：sckjcbs
传真：028 - 86361756
成品尺寸　170mm × 240mm
印张14　　字数 240千
印　刷　大厂回族自治县益利印刷有限公司
版　次　2019年5月第1版
印　次　2023年4月第2次印刷
定　价　26.80 元
ISBN 978-7-5364-9438-1

■ 邮购：成都市锦江区三色路 238 号新华之星A座25层
邮政编码 / 610023
电话 /（028）86361770

内 容 提 要

事故隐患的存在，是引发事故的重要因素，在事故未发生之前，及时排查和消除事故隐患，就可能避免事故的发生。这已成为人们的共识。对于企业来讲，要实现安全，就必须认识生产劳动过程中的安全问题，了解和学习安全管理的基本理论与基本知识，掌握安全生产管理的基本规律，指导安全生产管理的实践，从而促进安全生产的水平。因此，编著者本着“安全第一、预防为主”的原则，在综合各方面安全措施和经验的基础上，编写了本书。

本书共设置了六章，内容包括：安全生产管理概述、事故隐患排查与控制对策、化工生产现场安全、电气设备与特种设备现场安全、建筑施工与油漆作业现场安全、危险化学品储运与机械工厂现场安全。本书内容丰富、层次清楚、深入浅出，具有针对性、实用性强的特点。

本书可供生产经营单位各类人员和基层安监干部在安全生产事故隐患排查中参考，也可作为高职院校安全类、化工类、机械类、建筑施工类等专业课程教材。

PREFACE

前 言

党中央、国务院高度重视安全生产工作，确立了安全发展理念和“安全第一、预防为主、综合治理”的方针，采取一系列重大举措加强安全生产工作。这些重大举措对促进安全生产形势的稳定好转发挥了重要作用，并且表现出强劲和持久的后续推动力。目前，以《中华人民共和国安全生产法》为基础的安全生产法律法规体系不断完善，以“关爱生命、关注安全”为主旨的安全文化建设不断深入，安全生产形势也在不断好转，事故起数、重特大事故起数连续几年持续下降。

随着经济发展和社会进步，全社会对安全生产的期望不断提高，广大从业人员的安全健康观念不断增强，对加强安全监管、改善作业环境、保障职工安全健康权益等方面的要求越来越高。对于许多企业来讲，虽然在安全生产管理工作中取得了一定的成绩，但同时也遇到许多新情况、新问题，亟待新的方式方法予以解决。安全生产工作既要解决长期积累的深层次、结构性和区域性问题，又要积极应对新情况、新挑战，任务十分艰巨。例如，一些企业随着青年工人的大量增加，人员流动性很大，安全生产的严格管理与人员的自由流动形成突出矛盾；再如，一些企业安全生产管理方式日益固定化，缺乏应有的变化和新鲜感，造成人员安全意识麻木与淡薄，也造成管理者与被管理者矛盾冲突增多，致使安全管理走下坡路。企业安全生产管理的实质，是职工广泛参与的自我教育、自我改进的活动，离开了广大职工的积极参与，安全生产管理工作就很难取得实质性的效果。因此，在企业安全生产管理上，需要不断地根据新情况、新问题，学习借鉴其他企业的实用做法、新鲜经验，采取针对性的措施，从而缓和管理者与被管理者之间的矛盾，不断提高职工对安全生产的认识，促进本企业安全管理水平的提高。

在企业安全生产工作中，人是起决定作用的关键因素，企业安全生产工作需要具体人员来贯彻落实，企业的生产、技术、经营等活动也需要人员来实现。因此，加强人员的安全培训，实际上就是在保障企业的安全。安全生产是人们共同的追求与期盼，是社会经济发展的需要，也是企业发展的需要。由此，编著者本着“安全第一、预防为主”的原则，在对大量不同类型企业调研的基础上，从企业的实际情况和实际需要出发，确定相应的内容。

本书在编写过程中，参阅了大量安全生产的书籍和资料，在此对相关作者表示诚挚的感谢。因编写时间紧，加之编著者水平有限，难免有疏漏之处，敬请广大读者在阅读和使用中多提宝贵意见，以便进一步丰富和完善。

编著者

2019年3月

CONTENTS

目 录

第一章　安全生产管理概述

在企业的各项管理中，安全生产管理（以下简称安全管理）虽然只是其中的一个组成部分，但却是十分重要的组成部分，直接关系到企业的兴衰存亡，因此，了解安全管理相关知识、相关法规、基本要求，更新安全管理观念，积极主动地解决安全生产中出现的各种问题，提高安全管理水平，对于保障生产经营的顺利进行，保障职工人身安全、企业财产安全，具有重要的意义。

第一节　安全管理的基本知识

对于管理以及安全管理来说，首先应该确认的是：任何集体活动都需要管理，如果没有管理活动，那么就会形成一盘散沙的局面，方向不一致、行动不协调，难以形成集中的力量。一般来说，管理的基本要素主要有人、财、物、信息、时间以及机构、规章制度等，前五项是管理内容，后两项是管理手段。其中，基本要素中的人，既是被管理者，又是掌握管理手段的管理者，身兼二职。由此可见，人有巨大的能动性，是现代化管理中最为重要的因素。

一、安全管理的概念与作用

1. 安全管理的概念

安全管理是为了实现安全目标而进行的有关决策、计划、组织和控制等方面的活动；主要运用现代安全管理原理、方法和手段，分析和研究各种不安全因素，从技术上、组织上和管理上采取有力的措施，解决和消除各种不安全因素，防止事故的发生。

企业安全管理的内容主要包括：行政管理、技术管理、工业卫生管理。安全管理的对象包括：生产的人员、生产的设备和环境、生产的动力和能量，以及管理的信息和资料。安全管理的手段有：行政手段、法制手段、经济手段、文化手段等。

安全管理不是少数人和安全机构的事，而是一切与生产有关的人共同的事情。缺乏全员的参与，安全管理就不会出现好的管理效果。这并非否定安全管理者和安全机构的作用，而是安全管理必须发动群众，全员参与，这样才能实现安全管理的目标。

安全管理要坚持“四全”动态管理。安全管理涉及生产活动的方方面面，涉及从原料到产品的全部生产过程，涉及全部的生产时间，涉及一切变化着的生产因素。因此，生产活动中必须坚持全员、全过程、全方位、全天候的动态安全管理。还需要注意的是，安全管理重在控制。进行安全管理的目的是预防、消灭事故，防止或消除事故伤害，保护劳动者的安全与健康。因此，对生产中人的不安全行为和物的不安全状态进行严格的控制，必须作为安全管理的重点。

2. 安全管理的分类

对于安全管理，可以从宏观与微观、狭义与广义等方面加以分类。

（1）宏观的安全管理。从总体上看，凡是保障和推进安全生产的一切管理措施和活动都属于安全管理的范畴，泛指国家从政治、经济、法律、体制、组织等各方面所采取的措施和进行的活动。作为一个安全管理工作者，对国家有关安全生产的方针、政策、法规、标准、体制、组织结构以及经济措施等，应有深刻的理解。

（2）微观的安全管理。微观的安全管理指经济和生产管理部门以及企事业单位所进行的具体的安全管理活动。

（3）狭义的安全管理。狭义的安全管理指在生产过程或与生产有直接关系的活动中，防止意外伤害和财产损失的管理活动。

（4）广义的安全管理。广义的安全管理泛指一切保护劳动者安全健康、防止财产受到损失的管理活动。从这个意义上讲，安全管理不但要防止劳动中人员的意外伤亡，也要和危害劳动者健康的一切因素（如尘毒、噪声、辐射等物理或化学危害）进行斗争。

3. 安全管理的性质

安全生产是按照社会化大生产的客观要求，科学地从事企业的安全文明生产活动。安全管理则是保证企业的安全生产活动正常进行所做的相关计划、组织与控制工作，它是企业管理基础的、重要的组成部分。安全管理具有下列性质：

（1）长期性。安全生产问题的产生和存在贯穿生产活动的始终。企业只要有生产活动，就必须做好安全管理工作。因此，安全管理是一项艰苦细致并具有长期性的工作。

（2）科学性。因为安全生产涉及广阔的知识领域，因此有其自身规律性，需要人们探索、认识和实践。例如，可燃气体遇到火源会燃烧，一定浓度的有毒气体被人吸入体内便会引起中毒。因此，人们在生产实践中，必须尊重客观规律，尊重科学，不断积累经验，否则便有可能导致事故的发生。因此，只有尊重科学，学习和掌握有关安全生产的科学知识，逐步掌握它的规律性，抓好安全管理，才能取得安全生产的主动权。

（3）层次性。安全系统管理的纵向层次和横向功能之间的联系是非常清晰的，决策层次是公司经理、工厂厂长和分管各项业务的副职领导，车间主任是负责管理和执行双重任务的层次，班组和职工则是执行和操作层次，具有稳定的组织基础。

（4）预防性。安全管理就是保证安全生产，防止事故的发生。因为一旦发生事故，就会对劳动者的人身造成伤害，给企业财产造成损失，其中绝大部分的伤害和损失是难以弥补的。因此，安全管理的重点在于做好事故的预防工作，立足于事故的防范，预防在先，提早做好防止和避免事故的措施，以减少或控制事故的发生。

（5）专业性。安全管理是生产活动对安全提出的特殊需要，也是安全技术不断发展的产物。目前安全管理工作的内容远非简单的技术工作和一般事务性管理工作所能满足的。一个现代企业要实现安全生产目标，广大职工和安全管理部门都必须遵循与安全生产有关的规章制度和规程标准，按安全生产的规律办事，使安全管理形成带有专业内容和自身特点的完整的科学技术与知识体系。

（6）群众性。安全生产是一项与广大职工的行为和切身利益紧密相连的工作，单靠少数管理人员是不行的，必须依靠广大群众，增强职工的安全意识，不断提高职工的安全知识水平和操作技能，使职工自觉遵守规章制度，全员参与安全管理，以形成自我保护的坚实基础。

4. 安全管理的作用

安全工作的根本目的是保护广大职工的安全与健康，防止伤亡事故和职业危害，保护国家和集体等的财产不受损失。为了实现这一目的，需要开展三方面的工作，即安全管理、安全技术、职业卫生，而这三者之中，安全管理起着决定性的作用。安全管理的作用主要体现在以下几个方面：

（1）搞好安全管理是防止伤亡事故和职业危害的根本对策。造成伤亡事故的直接原因，概括起来不外乎人的不安全行为和物的不安全状态。然而在这些直接原因的背后还隐藏着若干层次的背景原因，直至最深层的本质原因，即管理上的原因。发生事故以后，经常把导致事故的原因简单地归咎于人员违章，但是人员之所以违章作业，往往还存在着许多更深层次的原因。如果不深入分析这些深层次的原因，并采取措施加以消除，就难免再次发生类似的事故。因此，防止发生事故和职业危害，归根结底应从改进安全管理做起。

（2）搞好安全管理是贯彻落实安全工作指导方针的基本保证。“安全第一，预防为主”是我国安全工作的指导方针，是多年来做好劳动保护工作，实现安全生产实践经验的科学总结。为了贯彻这一方针，一方面需要各级领导具有高度的安全责任感和自觉性，千方百计地在各方面实施防止事故和职业危害的对策；另一方面需要广大职工提高安全意识，自觉贯彻执行各项安全生产的规章制度，不断增强自我防护能力。而所有这些都有赖于良好的安全管理工作。因此，唯有设定目标、建立制度、计划组织、加强教育、督促检查、考核激励，综合各方面的管理手段，才能够调动各级领导和广大职工安全生产的积极性。

（3）安全技术和职业卫生措施要靠有效的安全管理，才能发挥应有的作用。安全技术指各行业有关安全方面的专门技术，如电气、锅炉与压力容器、起重、运输、防火、防爆等安全技术。职业卫生指对尘毒、噪声、辐射等各方面物理或化学危害因素的预防和治理。一般来说，安全技术和职业卫生措施对从根本上改善劳动条件、实现安全生产起着巨大的作用。通过安全管理，运用计划、组织、督促、检查等手段，进行有效的安全管理活动才能发挥它们应有的作用。另外，单独某一方面的安全技术，其安全保障作用也是有限的，需要应用各方面的安全技术，才能实现整体的安全，而这种横向综合的功能也只有依靠有效的安全管理才能得以实现。

（4）搞好安全管理，有助于改进企业管理，全面推进企业各方面工作的进步，促进经济效益的提高。安全管理是企业管理的一个组成部分，与生产管理密切相关，互相影响，互相促进。为了防止伤亡事故和职业危害，必须从人、物、环境等方面采取对策，包括提高人员的素质，改善作业环境，对设备与设施进行检查、维修、改造和更新，劳动组织的科学化，以及作业方法的改进等。当然，为了实现这些方面的对策，势必要对企业各方面管理工作提出越来越高的要求，从而推动企业管理的改善和全面工作的进步。企业管理的改善和全面工作的进步反过来又为改进安全管理创造了条件，促使安全管理水平不断提高。

实践表明，一个企业安全生产状况的好坏可以反映出企业的管理水平，企业管理得好，安全工作也必然受到重视，安全管理自然就比较好。反之，安全管理混乱，伤亡事故不断，职工则无法安心工作。在这种情况下，是不可能建立正常稳定的工作秩序的，也不可能促进企业的发展。由此可见，安全管理的改善，能够调动职工的积极性，促进劳动生产率的提高，从而带来企业经济效益的增长。

二、安全生产方针和原则

1. 安全生产方针的含义和要求

安全生产方针是指政府对安全生产工作总的要求，它是安全生产工作的方向。《中华人民共和国安全生产法》明确规定："安全生产管理，坚持安全第一、预防为主的方针。"这一方针明确了两项安全生产基本原则，一是"安全第一"，二是"预防为主"。

（1）安全第一的含义和要求。"安全第一"是人类通过长期的生产、生活实践，总结无数次血的教训得出的。最早明确提出"安全第一"口号的是美国人凯利，他在20世纪初期首先把这一口号作为公司的经营方针加以贯彻，取得了成功。后来日本接受这一生产经营理念，并进一步发扬光大。在我国，在20世纪50年代周恩来总理给中国民航题词时首先提出了"安全第一"，直至1989年中国共产党十三届五中全会最终明确：我国的安全生产方针是"安全第一，预防为主"。

安全生产的目的是保护劳动者在劳动过程中的安全和健康，保障生产活动的正常进行。没有安全，就没有生产，就会造成人员伤亡和财产损失。因此，必须在生产和社会活动中把安全工作放在第一位，把安全生产工作作为一切经济工作的头等大事，给予充分的重视，坚决做到不安全不生产，先安全后生产。这就是"安全第一"。

坚持"安全第一"，一是要对安全生产的重要性有正确的认识，明确安全生产工作为什么一定要摆在各项生产工作之首，使政府各级领导和企业领导摆正安全与经济、安全与稳定、安全与生产、安全与效益的关系。二是要坚决落实安全生产责任制，企业领导、管理人员和每个职工，都应自觉遵章守纪，坚决与违章违纪现象做斗争。三是在具体生产活动中，始终坚持把安全生产工作摆在首位，时刻想到安全，真正做到不安全不生产，先安全后生产。

（2）预防为主的含义和要求。“预防为主”就是要把安全生产的重点放在预防事故上。预防事故，减少人员伤亡和财产损失是安全生产的宗旨，我们所做的一切都是围绕这一宗旨展开的，即使事故发生后的处理，很大程度上也是为防止今后再发生类似事故。

凡事预则立，不预则废，要居安思危。“凡事预则立，不预则废”说的是一般做事原则，事先筹划，充分考虑各种不利因素及相应对策，事情才可能办好，否则就会失败。“要居安思危”说的则是处于安全状态下的人，要想到危险，考虑预防措施，趋利避害，绝不能忘乎所以。就安全生产来说，任何人从事任何工作，都必须预先考虑可能会发生哪些事故，事前有无征兆，如何发现，应采取哪些防范措施；一旦出现险情，应如何处理；如果发生事故，应如何抢救、自救、避险、逃生等。只有通过预防，才能真正有效地减少事故，降低事故损失，达到安全生产的目的。预防是实现安全生产的基本途径和根本保障。

“安全第一”和“预防为主”讲的是一个问题的两个方面，前者是解决认识问题，后者是解决方法问题。只有先解决认识问题，把安全的位置摆正了，才能脚踏实地地做好事故预防；反过来，只有脚踏实地地预防事故，才能实现安全生产目标。把两者有机结合起来，就是我国的安全生产方针。

2. 安全生产原则

为了确保“安全第一，预防为主”方针的落实，还必须遵守一把手全面负责，管生产必须管安全，安全具有否决权，“四不放过”等原则。

（1）一把手全面负责的原则。《中华人民共和国安全生产法》第五条规定：“生产经营单位的主要负责人对本单位的安全生产工作全面负责。”坚持一把手全面负责的原则，有利于各部门以及全体员工树立“安全第一”的思想，有利于协调各有关部门共同解决安全生产重大问题和安全死角问题。

一把手全面负责的原则，不仅适用于生产经营单位，也适用于地方政府。《国务院关于特大安全事故行政责任追究的规定》指出：“地方人民政府主要领导人和政府有关部门正职负责人对下列特大安全事故的防范、发生，依照法律、行政法规和本规定的规定有失职、渎职情形或者负有领导责任的，依照本规定给予行政处分；构成玩忽职守罪或者其他罪的，依法追究刑事责任……”这就是说，地方政府的主要负责人也要对安全生产全面负责。这一规定提出了地方政府及有关部门负责人在发展经济、对外开放中不重视安全生产失职、渎职的问题，要求各级政府明确落实安全生产责任的重要性。

（2）管生产必须管安全的原则。有生产就有安全问题，安全是生产的前提，生产是安全的载体，两者密不可分。坚持这一原则就是要把两者看作统一的整体进行统筹安排，管生产的领导者也必须是管安全的领导者，负有兼顾安全与生产两者的责任。在这方面，制定有“五同时”和“三同时”的规定。“五同时”即在计划、布置、检查、评比、总结生产工作的时候，必须同时计划、布置、检查、评比、总结安全工作；“三同时”即在新建、改建、扩建工程中，安全生产设施必须与主体工程同时设计、同时施工、同时投入生产和使用。这两项规定充分体现了“管生产必须管安全”的原则，也是一切企事业单位生产经营管理的基本原则。

（3）安全具有否决权的原则。安全工作状况如何，是衡量企业经营管理工作好坏的一项基本标准。该原则要求：在考核企业各项指标及评选先进时，首先要考核安全指标的完成情况。安全指标没完成，其他指标完成得再好，也不能评为先进，安全具有一票否决的作用。安全具有否决权这一原则还表现在：区域位置的环境安全不合格不准建厂；企业的本质安全不符合国家规定不准投资；某项工程或设备不符合安全要求不准使用等。

（4）“四不放过”的原则。“四不放过”本来是处理事故的原则，为了强调这一原则的重要性，把它也看作是安全生产管理的原则。“四不放过”是指对发生事故的原因分析不清不放过；广大职工群众没受到教育不放过；安全防范措施不落实不放过；事故责任者没得到处理不放过。坚持“四不放过”原则，就是抓住事故不放，深刻吸取事故教训，采取有效的组织和技术措施，防止类似事故重复发生。

另外，在《国务院关于特大安全事故行政责任追究的规定》中，还提出了“谁主管，谁负责”“谁审批，谁负责”的原则。这些原则对规范安全生产管理都起着重要的作用。

3. 安全生产管理体制

我国现行的安全生产管理体制是：企业负责，行业管理，国家监察，群众监督。与计划经济下的安全生产管理体制相比，它突出了“企业负责”，强调了企业对安全生产负责的重要性。

企业负责是指企业的经营管理者必须为职工的职业活动提供全面的安全保障，对职工在劳动过程中的安全、健康负有主要责任。企业职工必须遵守一切符合国家法规的企业规章制度。

企业负责，首要的是企业法人代表对企业安全生产工作负全面责任。落实安全生产责任制，这是国家经济体制改革的需要，是政府简政放权、企业经营管理自主权扩大的必然结果。因此，新的管理体制突出强调了企业的责任。

企业负责，要求在一切经营管理活动中必须坚持“安全第一，预防为主”的方针，贯彻落实国家有关安全生产政策法规，加强管理，努力改善职工的劳动条件，为职工提供安全、卫生、舒适的工作环境。企业负责的主要内容是：制定企业安全生产的长期发展规划和年度计划，坚持安全与生产工作“五同时”的原则；坚持“管生产必须管安全”的原则；建立健全安全生产责任制和其他各项安全生产制度；进行新职工进厂的三级教育、特殊工种安全教育及全员安全教育；制定和执行完善的安全操作规程；按照国家规定，合理配备安全技术和管理干部，负责企业日常安全检查、教育、管理工作；按照规定比例提取安全技术措施费用，合理使用，并按计划完成隐患整改和安全技术措施项目；对新、改、扩建项目，按照“三同时”的原则，进行设计、施工和竣工投产验收；对企业发生的事故，坚持按“四不放过”的原则进行处理等。总之，企业负责，就是依照国家法规、标准管好企业的安全生产工作。

企业负责的另一层含义是，企业作为独立的法人团体，对企业发生的事故应当承担法律责任、行政责任或经济责任。依照法律、法规规定，事故责任者必须接受法律的制裁或行政的、经济的惩处。

第二节　企业安全管理基本要求

《中华人民共和国安全生产法》和《中华人民共和国职业病防治法》是企业进行安全管理的基本法律。在这两部法律中，对于企业的安全管理工作提出了明确要求，企业要依据法律法规的要求，结合企业实际，有针对性地制定部门、企业的各级人员安全职责、岗位安全职责，做到有法可依、有章可循、按章管理。

一、《中华人民共和国安全生产法》的基本要求

《中华人民共和国安全生产法》（以下简称《安全生产法》）于2002年6月29日第九届全国人大常委会第二十八次会议通过，自2002年11月1日起施行。

《安全生产法》分为7章97条，各章内容为：第一章总则，第二章生产经营单位的安全生产保障，第三章从业人员的权利和义务，第四章安全生产的监督管理，第五章生产安全事故的应急救援与调查处理，第六章法律责任，第七章附则。

制定《安全生产法》的目的，是为了加强安全生产监督管理，防止和减少生产安全事故，保障人民群众生命和财产安全，促进经济发展。

《安全生产法》规定：在中华人民共和国领域内从事生产经营活动的单位（以下统称生产经营单位）的安全生产，适用本法；有关法律、行政法规对消防安全和道路交通安全、铁路交通安全、水上交通安全、民用航空安全另有规定的，适用其规定。

1. 总则中的有关规定

在《安全生产法》第一章总则中，对相关事项作了规定。

（1）安全生产管理，坚持安全第一、预防为主的方针。

（2）生产经营单位必须遵守本法和其他有关安全生产的法律、法规，加强安全生产管理，建立、健全安全生产责任制度，完善安全生产条件，确保安全生产。

（3）生产经营单位的主要负责人对本单位的安全生产工作全面负责。

（4）生产经营单位的从业人员有依法获得安全生产保障的权利，并应当依法履行安全生产方面的义务。

（5）工会依法组织职工参加本单位安全生产工作的民主管理和民主监督，维护职工在安全生产方面的合法权益。

（6）生产经营单位必须执行依法制定的保障安全生产的国家标准或者行业标准。

（7）国家实行生产安全事故责任追究制度，依照本法和有关法律、法规的规定，追究生产安全事故责任人员的法律责任。

2. 生产经营单位安全生产保障的有关规定

在《安全生产法》第二章生产经营单位的安全生产保障中，对相关事项作了规定。

（1）生产经营单位应当具备本法和有关法律、行政法规和国家标准或者行业标准规定的安全生产条件；不具备安全生产条件的，不得从事生产经营活动。

（2）生产经营单位的主要负责人对本单位安全生产工作负有下列职责：

1）建立、健全本单位安全生产责任制；

2）组织制定本单位安全生产规章制度和操作规程；

3）保证本单位安全生产投入的有效实施；

4）督促、检查本单位的安全生产工作，及时消除生产安全事故隐患；

5）组织制定并实施本单位的生产安全事故应急救援预案；

6）及时、如实报告生产安全事故。

（3）生产经营单位应当具备的安全生产条件所必需的资金投入，由生产经营单位的决策机构、主要负责人或者个人经营的投资人予以保证，并对由于安全生产所必需的资金投入不足导致的后果承担责任。

（4）矿山、建筑施工单位和危险物品的生产、经营、储存单位，应当设置安全生产管理机构或者配备专职安全生产管理人员。

前款规定以外的其他生产经营单位，从业人员超过300人的，应当设置安全生产管理机构或者配备专职安全生产管理人员；从业人员在300人以下的，应当配备专职或者兼职的安全生产管理人员，或者委托具有国家规定的相关专业技术资格的工程技术人员提供安全生产管理服务。

生产经营单位依照前款规定委托工程技术人员提供安全生产管理服务的，保证安全生产的责任仍由本单位负责。

（5）生产经营单位的主要负责人和安全生产管理人员必须具备与本单位所从事的生产经营活动相应的安全生产知识和管理能力。

危险物品的生产、经营、储存单位以及矿山、建筑施工单位的主要负责人和安全生产管理人员，应当由有关主管部门对其安全生产知识和管理能力考核合格后方可任职。考核不得收费。

（6）生产经营单位应当对从业人员进行安全生产教育和培训，保证从业人员具备必要的安全生产知识，熟悉有关的安全生产规章制度和安全操作规程，掌握本岗位的安全操作技能。未经安全生产教育和培训合格的从业人员，不得上岗作业。

（7）生产经营单位采用新工艺、新技术、新材料或者使用新设备，必须了解、掌握其安全技术特性，采取有效的安全防护措施，并对从业人员进行专门的安全生产教育和培训。

（8）生产经营单位的特种作业人员必须按照国家有关规定经专门的安全作业培训，取得特种作业操作资格证书，方可上岗作业。

（9）生产经营单位新建、改建、扩建工程项目（以下统称建设项目）的安全设施，必须与主体工程同时设计、同时施工、同时投入生产和使用。安全设施投资应当纳入建设项目概算。

（10）矿山建设项目和用于生产、储存危险物品的建设项目，应当分别按照国家有关规定进行安全条件论证和安全评价。

（11）建设项目安全设施的设计人、设计单位应当对安全设施设计负责。

矿山建设项目和用于生产、储存危险物品的建设项目的安全设施设计应当按照国家有关规定报经有关部门审查，审查部门及其负责审查的人员对审查结果负责。

（12）矿山建设项目和用于生产、储存危险物品的建设项目的施工单位必须按照批准的安全设施设计施工，并对安全设施的工程质量负责。

矿山建设项目和用于生产、储存危险物品的建设项目竣工投入生产或者使用前，必须依照有关法律、行政法规的规定对安全设施进行验收；验收合格后，方可投入生产和使用。验收部门及其验收人员对验收结果负责。

（13）生产经营单位应当在有较大危险因素的生产经营场所和有关设施、设备上，设置明显的安全警示标志。

（14）安全设备的设计、制造、安装、使用、检测、维修、改造和报废，应当符合国家标准或者行业标准。

生产经营单位必须对安全设备进行经常性的维护、保养，并定期检测，保证正常运转。维护、保养、检测应当做好记录，并由有关人员签字。

（15）生产经营单位使用的涉及生命安全、危险性较大的特种设备，以及危险物品的容器、运输工具，必须按照国家有关规定，由专业生产单位生产，并经取得专业资质的检测、检验机构检测、检验合格，取得安全使用证或者安全标志，方可投入使用。检测、检验机构对检测、检验结果负责。

（16）国家对严重危及生产安全的工艺、设备实行淘汰制度。生产经营单位不得使用国家明令淘汰、禁止使用的危及生产安全的工艺、设备。

（17）生产、经营、运输、储存、使用危险物品或者处置废弃危险物品的，由有关主管部门依照有关法律、法规的规定和国家标准或者行业标准审批并实施监督管理。

生产经营单位生产、经营、运输、储存、使用危险物品或者处置废弃危险物品，必须执行有关法律、法规和国家标准或者行业标准，建立专门的安全管理制度，采取可靠的安全措施，接受有关主管部门依法实施的监督管理。

（18）生产经营单位对重大危险源应当登记建档，进行定期检测、评估、监控，并制订应急预案，告知从业人员和相关人员在紧急情况下应当采取的应急措施。

生产经营单位应当按照国家有关规定将本单位重大危险源及有关安全措施、应急措施报有关地方人民政府负责安全生产监督管理的部门和有关部门备案。

（19）生产、经营、储存、使用危险物品的车间、商店、仓库不得与员工宿舍在同一座建筑物内，并应当与员工宿舍保持安全距离。

生产经营场所和员工宿舍应当设有符合紧急疏散要求、标志明显、保持畅通的出口。禁止封闭、堵塞生产经营场所或者员工宿舍的出口。

（20）生产经营单位进行爆破、吊装等危险作业，应当安排专门人员进行现场安全管理，确保操作规程的遵守和安全措施的落实。

（21）生产经营单位应当教育和督促从业人员严格执行本单位的安全生产规章制度和安全操作规程；并向从业人员如实告知作业场所和工作岗位存在的危险因素、防范措施以及事故应急措施。

（22）生产经营单位必须为从业人员提供符合国家标准或者行业标准的劳动防护用品，并监督、教育从业人员按照使用规则佩戴、使用。

（23）生产经营单位的安全生产管理人员应当根据本单位的生产经营特点，对安全生产状况进行经常性检查；对检查中发现的安全问题，应当立即处理；不能处理的，应当及时报告本单位有关负责人。检查及处理情况应当记录在案。

（24）生产经营单位应当安排用于配备劳动防护用品、进行安全生产培训的经费。

（25）两个以上生产经营单位在同一作业区域内进行生产经营活动，可能危及对方生产安全的，应当签订安全生产管理协议，明确各自的安全生产管理职责和应当采取的安全措施，并指定专职安全生产管理人员进行安全检查与协调。

（26）生产经营单位不得将生产经营项目、场所、设备发包或者出租给不具备安全生产条件或者相应资质的单位或者个人。

生产经营项目、场所有多个承包单位、承租单位的，生产经营单位应当与承包单位、承租单位签订专门的安全生产管理协议，或者在承包合同、租赁合同中约定各自的安全生产管理职责；生产经营单位对承包单位、承租单位的安全生产工作统一协调、管理。

（27）生产经营单位发生重大生产安全事故时，单位的主要负责人应当立即组织抢救，并不得在事故调查处理期间擅离职守。

（28）生产经营单位必须依法参加工伤社会保险，为从业人员缴纳保险费。

3. 从业人员权利和义务的有关规定

在《安全生产法》第三章从业人员的权利和义务中，对相关事项作了规定。

（1）生产经营单位与从业人员订立的劳动合同，应当载明有关保障从业人员劳动安全、防止职业危害的事项，以及依法为从业人员办理工伤社会保险的事项。

生产经营单位不得以任何形式与从业人员订立协议，免除或者减轻其对从业人员因生产安全事故伤亡依法应承担的责任。

（2）生产经营单位的从业人员有权了解其作业场所和工作岗位存在的危险因素、防范措施及事故应急措施，有权对本单位的安全生产工作提出建议。

（3）从业人员有权对本单位安全生产工作中存在的问题提出批评、检举、控告；有权拒绝违章指挥和强令冒险作业。

生产经营单位不得因从业人员对本单位安全生产工作提出批评、检举、控告或者拒绝违章指挥、强令冒险作业而降低其工资、福利待遇等或者解除与其订立的劳动合同。

（4）从业人员发现直接危及人身安全的紧急情况时，有权停止作业或者在采取可能的应急措施后撤离作业场所。

生产经营单位不得因从业人员在前款紧急情况下停止作业或者采取紧急撤离措施而降低其工资、福利待遇等或者解除与其订立的劳动合同。

（5）因生产安全事故受到损害的从业人员，除依法享有工伤社会保险外，依照有关民事法律尚有获得赔偿的权利的，有权向本单位提出赔偿要求。

（6）从业人员在作业过程中，应当严格遵守本单位的安全生产规章制度和操作规程，服从管理，正确佩戴和使用劳动防护用品。

（7）从业人员应当接受安全生产教育和培训，掌握本职工作所需的安全生产知识，提高安全生产技能，增强事故预防和应急处理能力。

（8）从业人员发现事故隐患或者其他不安全因素，应当立即向现场安全生产管理人员或者本单位负责人报告；接到报告的人员应当及时予以处理。

（9）工会有权对建设项目的安全设施与主体工程同时设计、同时施工、同时投入生产和使用进行监督，提出意见。

工会对生产经营单位违反安全生产法律、法规，侵犯从业人员合法权益的行为，有权要求纠正；发现生产经营单位违章指挥、强令冒险作业或者发现事故隐患时，有权提出解决的建议，生产经营单位应当及时研究答复；发现危及从业人员生命安全的情况时，有权向生产经营单位建议组织从业人员撤离危险场所，生产经营单位必须立即作出处理。

工会有权依法参加事故调查，向有关部门提出处理意见，并要求追究有关人员的责任。

二、《中华人民共和国职业病防治法》的基本要求

《中华人民共和国职业病防治法》（以下简称《职业病防治法》）于2001年10月27日第九届全国人大常委会第二十四次会议通过，自2002年5月1日起施行。2011年12月31日第十一届全国人大常委会第24次会议通过《关于修改〈中华人民共和国职业病防治法〉的决定》，自公布之日（2011年12月31日）起施行。

2016年7月2日第十二届全国人民代表大会常务委员会第二十一次会议第二次修正，2017年11月4日第十二届全国人民代表大会常务委员会第三十次会议第三次修正对《中华人民共和国职业病防治法》作出了下列修改：

（1）将第三十五条第三款修改为：“职业健康检查应当由取得《医疗机构执业许可证》的医疗卫生机构承担。卫生行政部门应当加强对职业健康检查工作的规范管理，具体管理办法由国务院卫生行政部门制定。”

（2）删去第四十六条第三款。

第四款改为第三款，修改为："职业病诊断证明书应当由参与诊断的取得职业病诊断资格的执业医师签署，并经承担职业病诊断的医疗卫生机构审核盖章。"

（3）删去第七十九条、第八十条中的"职业健康检查"。

《职业病防治法》分为7章90条，各章内容为：第一章总则，第二章前期预防，第三章劳动过程中的防护与管理，第四章职业病诊断与职业病病人保障，第五章监督检查，第六章法律责任，第七章附则。

制定《职业病防治法》的目的，是根据宪法，为了预防、控制和消除职业病危害，防治职业病，保护劳动者健康及其相关权益，促进经济社会发展。《职业病防治法》适用于中华人民共和国领域内的职业病防治活动。

《职业病防治法》所称职业病，是指企业、事业单位和个体经济组织等用人单位的劳动者在职业活动中，因接触粉尘、放射性物质和其他有毒、有害因素而引起的疾病。

1. 总则中的有关规定

在《职业病防治法》第一章总则中，对相关事项作了规定。

（1）职业病防治工作坚持预防为主、防治结合的方针，建立用人单位负责、行政机关监管、行业自律、职工参与和社会监督的机制，实行分类管理、综合治理。

（2）劳动者依法享有职业卫生保护的权利。

用人单位应当为劳动者创造符合国家职业卫生标准和卫生要求的工作环境和条件，并采取措施保障劳动者获得职业卫生保护。

工会组织依法对职业病防治工作进行监督，维护劳动者的合法权益。用人单位制定或者修改有关职业病防治的规章制度，应当听取工会组织的意见。

（3）用人单位应当建立、健全职业病防治责任制，加强对职业病防治的管理，提高职业病防治水平，对本单位产生的职业病危害承担责任。

（4）用人单位的主要负责人对本单位的职业病防治工作全面负责。

（5）用人单位必须依法参加工伤保险。

2. 前期预防的有关规定

在《职业病防治法》第二章前期预防中，对相关事项作了规定。

（1）用人单位应当依照法律、法规要求，严格遵守国家职业卫生标准，落实职业病预防措施，从源头上控制和消除职业病危害。

（2）产生职业病危害的用人单位的设立除应当符合法律、行政法规规定的设立条件外，其工作场所还应当符合下列职业卫生要求：

1）职业病危害因素的强度或者浓度符合国家职业卫生标准；

2）有与职业病危害防护相适应的设施；

3）生产布局合理，符合有害与无害作业分开的原则；

4）有配套的更衣间、洗浴间、孕妇休息间等卫生设施；

5）设备、工具、用具等设施符合保护劳动者生理、心理健康的要求；

6）法律、行政法规和国务院卫生行政部门、安全生产监督管理部门关于保护劳动者健康的其他要求。

（3）国家建立职业病危害项目申报制度。用人单位工作场所存在职业病目录所列职业病的危害因素的，应当及时、如实向所在地安全生产监督管理部门申报危害项目，接受监督。

（4）新建、扩建、改建建设项目和技术改造、技术引进项目（以下统称建设项目）可能产生职业病危害的，建设单位在可行性论证阶段应当向安全生产监督管理部门提交职业病危害预评价报告。安全生产监督管理部门应当自收到职业病危害预评价报告之日起三十日内，作出审核决定并书面通知建设单位。未提交预评价报告或者预评价报告未经安全生产监督管理部门审核同意的，有关部门不得批准该建设项目。

职业病危害预评价报告应当对建设项目可能产生的职业病危害因素及其对工作场所和劳动者健康的影响作出评价，确定危害类别和职业病防护措施。

建设项目职业病危害分类管理办法由国务院安全生产监督管理部门制定。

（5）建设项目的职业病防护设施所需费用应当纳入建设项目工程预算，并与主体工程同时设计，同时施工，同时投入生产和使用。

职业病危害严重的建设项目的防护设施设计，应当经安全生产监督管理部门审查，符合国家职业卫生标准和卫生要求的，方可施工。

建设项目在竣工验收前，建设单位应当进行职业病危害控制效果评价。建设项目竣工验收时，其职业病防护设施经安全生产监督管理部门验收合格后，方可投入正式生产和使用。

3. 劳动过程中防护与管理的有关规定

在《职业病防治法》第三章劳动过程中的防护与管理中，对相关事项作了规定。

（1）用人单位应当采取下列职业病防治管理措施：

1）设置或者指定职业卫生管理机构或者组织，配备专职或者兼职的职业卫生管理人员，负责本单位的职业病防治工作；

2）制订职业病防治计划和实施方案；

3）建立、健全职业卫生管理制度和操作规程；

4）建立、健全职业卫生档案和劳动者健康监护档案；

5）建立、健全工作场所职业病危害因素监测及评价制度；

6）建立、健全职业病危害事故应急救援预案。

（2）用人单位应当保障职业病防治所需的资金投入，不得挤占、挪用，并对因资金投入不足导致的后果承担责任。

（3）用人单位必须采用有效的职业病防护设施，并为劳动者提供个人使用的职业病防护用品。

用人单位为劳动者个人提供的职业病防护用品必须符合防治职业病的要求；不符合要求的，不得使用。

（4）用人单位应当优先采用有利于防治职业病和保护劳动者健康的新技术、新工艺、新设备、新材料，逐步替代职业病危害严重的技术、工艺、设备、材料。

（5）产生职业病危害的用人单位，应当在醒目位置设置公告栏，公布有关职业病防治的规章制度、操作规程、职业病危害事故应急救援措施和工作场所职业病危害因素检测结果。

对产生严重职业病危害的作业岗位，应当在其醒目位置，设置警示标识和中文警示说明。警示说明应当载明产生职业病危害的种类、后果、预防以及应急救治措施等内容。

（6）对可能发生急性职业损伤的有毒、有害工作场所，用人单位应当设置报警装置，配置现场急救用品、冲洗设备、应急撤离通道和必要的泄险区。

对放射工作场所和放射性同位素的运输、储存，用人单位必须配置防护设备和报警装置，保证接触放射线的工作人员佩戴个人剂量计。

对职业病防护设备、应急救援设施和个人使用的职业病防护用品，用人单位应当进行经常性的维护、检修，定期检测其性能和效果，确保其处于正常状态，不得擅自拆除或者停止使用。

（7）用人单位应当实施由专人负责的职业病危害因素日常监测，并确保监测系统处于正常运行状态。

用人单位应当按照国务院安全生产监督管理部门的规定，定期对工作场所进行职业病危害因素检测、评价。检测、评价结果存入用人单位职业卫生档案，定期向所在地安全生产监督管理部门报告并向劳动者公布。

发现工作场所职业病危害因素不符合国家职业卫生标准和卫生要求时，用人单位应当立即采取相应治理措施，仍然达不到国家职业卫生标准和卫生要求的，必须停止存在职业病危害因素的作业；职业病危害因素经治理后，符合国家职业卫生标准和卫生要求的，方可重新作业。

（8）职业卫生技术服务机构依法从事职业病危害因素检测、评价工作，接受安全生产监督管理部门的监督检查。安全生产监督管理部门应当依法履行监督职责。

（9）向用人单位提供可能产生职业病危害的设备的，应当提供中文说明书，并在设备的醒目位置设置警示标识和中文警示说明。警示说明应当载明设备性能、可能产生的职业病危害、安全操作和维护注意事项、职业病防护以及应急救治措施等内容。

（10）向用人单位提供可能产生职业病危害的化学品、放射性同位素和含有放射性物质的材料的，应当提供中文说明书。说明书应当载明产品特性、主要成分、存在的有害因素、可能产生的危害后果、安全使用注意事项、职业病防护以及应急救援措施等内容。产品包装应当有醒目的警示标识和中文警示说明。储存上述材料的场所应当在规定的部位设置危险物品标识或者放射性警示标识。

（11）任何单位和个人不得生产、经营、进口和使用国家明令禁止使用的可能产生职业病危害的设备或者材料。

（12）任何单位和个人不得将产生职业病危害的作业转移给不具备职业病防护条件的单位和个人。不具备职业病防护条件的单位和个人不得接受产生职业病危害的作业。

（13）用人单位对采用的技术、工艺、设备、材料，应当知悉其产生的职业病危害，对有职业病危害的技术、工艺、设备、材料隐瞒其危害而采用的，对所造成的职业病危害后果承担责任。

（14）用人单位与劳动者订立劳动合同（含聘用合同，下同）时，应当将工作过程中可能产生的职业病危害及其后果、职业病防护措施和待遇等如实告知劳动者，并在劳动合同中写明，不得隐瞒或者欺骗。

劳动者在已订立劳动合同期间因工作岗位或者工作内容变更，从事与所订立劳动合同中未告知的存在职业病危害的作业时，用人单位应当依照前款规定，向劳动者履行如实告知的义务，并协商变更原劳动合同相关条款。

用人单位违反前两款规定的，劳动者有权拒绝从事存在职业病危害的作业，用人单位不得因此解除与劳动者所订立的劳动合同。

（15）用人单位的主要负责人和职业卫生管理人员应当接受职业卫生培训，遵守职业病防治法律、法规，依法组织本单位的职业病防治工作。

用人单位应当对劳动者进行上岗前的职业卫生培训和在岗期间的定期职业卫生培训，普及职业卫生知识，督促劳动者遵守职业病防治法律、法规、规章和操作规程，指导劳动者正确使用职业病防护设备和个人使用的职业病防护用品。

劳动者应当学习和掌握相关的职业卫生知识，增强职业病防范意识，遵守职业病防治法律、法规、规章和操作规程，正确使用、维护职业病防护设备和个人使用的职业病防护用品，发现职业病危害事故隐患应当及时报告。

劳动者不履行前款规定义务的，用人单位应当对其进行教育。

（16）对从事接触职业病危害的作业的劳动者，用人单位应当按照国务院安全生产监督管理部门、卫生行政部门的规定组织上岗前、在岗期间和离岗时的职业健康检查，并将检查结果书面告知劳动者。职业健康检查费用由用人单位承担。

用人单位不得安排未经上岗前职业健康检查的劳动者从事接触职业病危害的作业；不得安排有职业禁忌的劳动者从事其所禁忌的作业；对在职业健康检查中发现有与所从事的职业相关的健康损害的劳动者，应当调离原工作岗位，并妥善安置；对未进行离岗前职业健康检查的劳动者不得解除或者终止与其订立的劳动合同。

职业健康检查应当由省级以上人民政府卫生行政部门批准的医疗卫生机构承担。

（17）用人单位应当为劳动者建立职业健康监护档案，并按照规定的期限妥善保存。

职业健康监护档案应当包括劳动者的职业史、职业病危害接触史、职业健康检查结果和职业病诊疗等有关个人健康资料。

劳动者离开用人单位时，有权索取本人职业健康监护档案复印件，用人单位应当如实、无偿提供，并在所提供的复印件上签章。

（18）发生或者可能发生急性职业病危害事故时，用人单位应当立即采取应急救援和控制措施，并及时报告所在地安全生产监督管理部门和有关部门。安全生产监督管理部门接到报告后，应当及时会同有关部门组织调查处理；必要时，可以采取临时控制措施。卫生行政部门应当组织做好医疗救援工作。

对遭受或者可能遭受急性职业病危害的劳动者，用人单位应当及时组织救治、进行健康检查和医学观察，所需费用由用人单位承担。

（19）用人单位不得安排未成年工从事接触职业病危害的作业；不得安排孕期、哺乳期的女职工从事对本人和胎儿、婴儿有危害的作业。

（20）劳动者享有下列职业卫生保护权利：

1）获得职业卫生教育、培训；

2）获得职业健康检查、职业病诊疗、康复等职业病防治服务；

3）了解工作场所产生或者可能产生的职业病危害因素、危害后果和应当采取的职业病防护措施；

4）要求用人单位提供符合防治职业病要求的职业病防护设施和个人使用的职业病防护用品，改善工作条件；

5）对违反职业病防治法律、法规以及危及生命健康的行为提出批评、检举和控告；

6）拒绝违章指挥和强令进行没有职业病防护措施的作业；

7）参与用人单位职业卫生工作的民主管理，对职业病防治工作提出意见和建议。

用人单位应当保障劳动者行使前款所列权利。因劳动者依法行使正当权利而降低其工资、福利等待遇或者解除、终止与其订立的劳动合同的，其行为无效。

（21）工会组织应当督促并协助用人单位开展职业卫生宣传教育和培训，有权对用人单位的职业病防治工作提出意见和建议，依法代表劳动者与用人单位签订劳动安全卫生专项集体合同，与用人单位就劳动者反映的有关职业病防治的问题进行协调并督促解决。

工会组织对用人单位违反职业病防治法律、法规，侵犯劳动者合法权益的行为，有权要求纠正；产生严重职业病危害时，有权要求采取防护措施，或者向政府有关部门建议采取强制性措施；发生职业病危害事故时，有权参与事故调查处理；发现危及劳动者生命健康的情形时，有权向用人单位建议组织劳动者撤离危险现场，用人单位应当立即作出处理。

（22）用人单位按照职业病防治要求，用于预防和治理职业病危害、工作场所卫生检测、健康监护和职业卫生培训等费用，按照国家有关规定，在生产成本中据实列支。

三、对企业安全生产规范化建设的要求

2010年8月20日，国家安全生产监督管理总局印发《关于进一步加强企业安全生产规范化建设严格落实企业安全生产主体责任的指导意见》（安监总办〔2010〕139号）（以下简称《指导意见》），目的是认真贯彻落实《国务院关于进一步加强企业安全生产工作的通知》（国发〔2010〕23号）精神，进一步加强企业安全生产规范化建设，严格落实企业安全生产主体责任，提高企业安全生产管理水平，实现全国安全生产状况持续稳定好转。

《指导意见》的主要内容有：

1. 总体要求

深入贯彻落实科学发展观，坚持安全发展理念，指导督促企业完善安全生产责任体系，建立健全安全生产管理制度，加大安全基础投入，加强教育培训，推进企业全员、全过程、全方位安全管理，全面实施安全生产标准化，夯实安全生产基层基础工作，提升安全生产管理工作的规范化、科学化水平，有效遏制重特大事故发生，为实现安全生产提供基础保障。

2. 健全和完善责任体系

（1）落实企业法定代表人安全生产第一责任人的责任。法定代表人要依法确保安全投入、管理、装备、培训等措施落实到位，确保企业具备安全生产基本条件。

（2）明确企业各级管理人员的安全生产责任。企业分管安全生产的负责人协助主要负责人履行安全生产管理职责，其他负责人对各自分管业务范围内的安全生产负领导责任。企业安全生产管理机构及其人员对本单位安全生产实施综合

管理；企业各级管理人员对分管业务范围的安全生产工作负责。

（3）健全企业安全生产责任体系。责任体系应涵盖本单位各部门、各层级和生产各环节，明确有关协作、合作单位责任，并签订安全责任书。要做好相关单位和各个环节安全管理责任的衔接，相互支持、互为保障，做到责任无盲区、管理无死角。

3. 健全和完善管理体系

（1）加强企业安全生产工作的组织领导。企业及其下属单位应建立安全生产委员会或安全生产领导小组，负责组织、研究、部署本单位安全生产工作，专题研究重大安全生产事项，制订、实施加强和改进本单位安全生产工作的措施。

（2）依法设立安全管理机构并配齐专（兼）职安全生产管理人员。矿山、建筑施工单位和危险物品的生产、经营、储存单位及从业人员超过300人的企业，要设置安全生产管理专职机构或者配备专职安全生产管理人员。其他单位有条件的，应设置安全生产管理机构，或者配备专职或兼职的安全生产管理人员，或者委托注册安全工程师等具有相关专业技术资格的人员提供安全生产管理服务。

（3）提高企业安全生产标准化水平。企业要严格执行安全生产法律法规和行业规程标准，按照《企业安全生产标准化基本规范》的要求，加大安全生产标准化建设投入，积极组织开展岗位达标、专业达标和企业达标的建设活动，并持续巩固达标成果，实现全面达标、本质达标和动态达标。

4. 健全和完善基本制度

（1）安全生产例会制度。建立班组班前会、周安全生产活动日，车间周安全生产调度会，企业月安全生产办公会、季安全生产形势分析会、年度安全生产工作会等例会制度，定期研究、分析、布置安全生产工作。

（2）安全生产例检制度。建立班组班前、班中、班后安全生产检查（即“一班三检”），重点对象和重点部位安全生产检查（即“点检”），作业区域安全生产巡查（即“巡检”），车间周安全生产检查、月安全生产大检查，企业月安全生产检查、季安全生产大检查、复工复产前安全生产大检查等例检制度，对各类检查的频次、重点、内容提出要求。

（3）岗位安全生产责任制。以企业负责人为重点，逐级建立企业管理人员、职能部门、车间班组、各工种的岗位安全生产责任制，明确企业各层级、各岗位的安全生产职责，形成涵盖全员、全过程、全方位的责任体系。

（4）领导干部和管理人员现场带班制度。企业主要负责人、领导班子成员和生产经营管理人员要认真执行现场带班的规定，认真制订本企业领导成员带班制度，立足现场安全管理，加强对重点部位、关键环节的检查巡视，及时发现和解决问题，并据实做好交接。

（5）安全技术操作规程。分专业、分工艺制定安全技术操作规程，当生产条件发生变化时及时重新组织审查或修订。对实施作业许可证管理的动火作业、受限空间作业、爆破作业、临时用电作业、高空作业等危险性作业，要制定专项安全技术措施，并严格审批监督。企业员工应当熟知并严格执行安全技术操作规程。

（6）作业场所职业安全卫生健康管理制度。积极开展职业健康安全管理体系认证。依照国家有关法律法规及规章标准，完善现场职业安全健康设施、设备和手段。为员工配备合格的职业安全卫生健康防护用品，督促员工正确佩戴和使用，并对接触有毒有害物质的作业人员进行定期的健康检查。

（7）隐患排查治理制度。建立安全生产隐患全员排查、登记报告、分级治理、动态分析、整改销号制度。对排查出的隐患实施登记管理，按照分类分级治理原则，逐一落实整改方案、责任人员、整改资金、整改期限和应急预案。建立隐患整改评价制度，定期分析、评估隐患治理情况，不断完善隐患治理工作机制。建立隐患举报奖励制度，鼓励员工发现和举报事故隐患。

（8）安全生产责任考核制度。完善企业绩效工资制度，加大安全生产挂钩比重。建立以岗位安全绩效考核为重点，以落实岗位安全责任为主线，以杜绝岗位安全责任事故为目标的全员安全生产责任考核办法，加大安全生产责任在员工绩效工资、晋级、评先评优等考核中的权重，重大责任事项实行“一票否决”。

（9）高危行业（领域）员工风险抵押金制度。根据各行业（领域）特点，推广企业内部全员安全风险抵押金制度，加大奖惩兑现力度，充分调动全员安全生产的积极性和主动性。

（10）民主管理监督制度。企业安全生产基本条件、安全生产目标、重大隐患治理、安全生产投入、安全生产形势等情况应以适当方式向员工公开，接受员工监督。充分发挥班组安全管理监督作用。

保障工会依法组织员工参加本单位安全生产工作的民主管理和民主监督，维护员工安全生产的合法权益。

（11）安全生产承诺制度。企业就遵守安全生产法律法规、执行安全生产规章制度、保证安全生产投入、持续具备安全生产条件等签订安全生产承诺书，向企业员工及社会作出公开承诺，自觉接受监督。同时，员工就履行岗位安全责任向企业作出承诺。

各类企业均要建立以上基本制度，同时要依照国家有关法律法规及规章标准规定，结合本单位实际，建立健全适合本单位特点的安全生产规章制度。

5. 加大安全投入

（1）及时足额提取并切实管好用好安全费用。煤矿、非煤矿山、建筑施工、危险化学品、烟花爆竹、道路交通运输等高危行业（领域）企业必须落实提取安全费用税前列支政策。其他行业（领域）的企业要根据本地区有关政策规定提取用好安全费用。安全费用必须专项用于安全防护设备设施、应急救援器材装备、安全生产检查评价、事故隐患评估整改和监控、安全技能培训和应急演练等与安全生产直接相关的投入。

（2）确保安全设施投入。严格落实企业建设项目安全设施“三同时”制度，新建、改建、扩建工程项目的安全设施投资应纳入项目建设概算，安全设施与建设项目主体工程同时设计、同时施工、同时投入生产和使用。高危行业（领域）建设项目要依法进行安全评价。

（3）加大安全科技投入。坚持“科技兴安”战略。健全安全管理工作技术保障体系，强化企业技术管理机构的安全职能，按规定配备安全技术人员。切实落实企业负责人安全生产技术管理负责制，针对影响和制约本单位安全生产的技术问题开展科研攻关，鼓励员工进行技术革新，积极推广应用先进适用的新技术、新工艺、新装备和新材料，提高企业本质安全水平。

6. 加强安全教育培训

（1）强化企业人员素质培训。落实校企合作办学、对口单招、订单式培养等政策，大力培养企业专业技术人才。有条件的高危行业企业可通过兴办职业学校培养技术人才。结合本企业安全生产特点，制订员工教育培训计划和实施方案，针对不同岗位人员落实培训时间、培训内容、培训机构、培训费用，提高员工安全生产素质。

（2）加强安全技能培训。企业安全生产管理人员必须按规定接受培训并取得相应资格证书。加强新进人员岗前培训工作，新员工上岗前、转岗员工换岗前要进行岗位操作技能培训，保证其具有本岗位安全操作、应急处置等知识和技能。特种作业人员必须取得特种作业操作资格证书方可上岗。

（3）强化风险防范教育。企业要推进安全生产法律法规的宣传贯彻，做到安全宣传教育日常化。要及时分析和掌握安全生产工作的规律和特点，定期开展安全生产技术方法、事故案例及安全警示教育，普及安全生产基本知识和风险防范知识，提高员工安全风险辨识与防范能力。

（4）深入开展安全文化建设。注重企业安全文化在安全生产工作中的作用，把先进的安全文化融入企业管理思想、管理理念、管理模式和管理方法之中，努力建设安全诚信企业。

7. 加强重大危险源和重大隐患的监控预警

（1）实行重大隐患挂牌督办。企业应当实行重大隐患挂牌督办制度，并及时将重大隐患现状、可能造成的危害、消除隐患的治理方案报告企业所在地相关政府有关部门。对政府有关部门挂牌督办的重大隐患，企业应按要求报告治理进展、治理结果等情况，切实落实企业重大隐患整改责任。

（2）加强重大危险源监控。企业应建立重大危险源辨识登记、安全评估、报告备案、监控整改、应急救援等工作机制和管理办法。设立重大危险源警示标志，并将本单位重大危险源及有关管理措施、应急预案等信息报告有关部门，并向相关单位、人员和周边群众公告。

（3）利用科学的方法加强预警预报。企业应定期进行安全生产风险分析，积极利用先进的技术和方法建立安全生产监测监控系统，进行有效的实时动态预警。遇重大危险源失控或重大安全隐患出现事故苗头时，应当立即预警预报，组织撤离人员、停止运行、加强监控，防止事故发生和事故损失扩大。

8. 加强应急管理，提高事故处置能力

（1）加强应急管理。要针对重大危险源和可能突发的生产安全事故，制定相应的应急组织、应急队伍、应急预案、应急资源、应急培训教育、应急演练、应急救援等方案和应急管理办法，并注重与社会应急组织体系相衔接。加强应急预案演练，及时分析查找应急预案及其执行中存在的问题并有针对性地予以修改完善，防止因撤离不及时或救援不适当造成事故扩大。

（2）提高应急救援保障能力。煤矿、非煤矿山和危险化学品企业，应当依法建立专职或兼职人员组成的应急救援队伍；不具备单独建立专业应急救援队伍的小型企业，除建立兼职应急救援队伍外，还应当与邻近建有专业救援队伍的企业或单位签订救援协议，或者联合建立专业应急救援队伍。根据应急救援需要储备一定数量的应急物资，为应急救援队伍配备必要的应急救援器材、设备和装备。

（3）做好事故报告和处置工作。事故发生后，要按照规定的报告时限、报告内容、报告方式、报告对象等要求，及时、完整、客观地报告事故，不得瞒报、漏报、谎报、迟报。发生事故的企业主要负责人必须坚守岗位，立即启动事故应急救援预案，采取措施组织抢救，防止事故扩大，减少人员伤亡和财产损失。

（4）严肃事故调查处理。企业要认真组织或配合事故调查，妥善处理事故善后工作。对于事故调查报告提出的防范措施和整改意见，要认真吸取教训，按要求及时整改，并把落实情况及时报告有关部门。

第三节　企业安全管理基本模式

安全目标管理是指企业内部各个部门以至每个职工，从上到下围绕企业安全生产的总目标，层层展开各自的目标，确定行动方针，安排安全工作进度，制定实施有效组织措施，并对安全成果严格考核的一种管理制度。安全目标管理是根据企业安全工作目标来控制企业安全生产的一种科学有效的管理方法，是目前企业普遍实行的安全管理模式。

一、安全目标管理的由来和作用

1. 目标管理的提出和发展

目标管理的概念是管理专家彼得·德鲁克于1954年在其名著《管理实践》中最先提出的，其后他又提出“目标管理和自我控制”的主张。德鲁克认为，并不是有了工作才有目标，而是相反，有了目标才能确定每个人的工作。所以，“企业的使命和任务，必须转化为目标”，如果一个领域没有目标，这个领域的工作必然被忽视。因此，管理者应该通过目标对下级进行管理，当组织最高层管理者确定了组织目标后，必须对其进行有效分解，转变成各个部门以及各个人的分目标，管理者根据分目标的完成情况对下级进行考核、评价和奖惩。

目标管理提出以后，便在美国迅速流传。时值第二次世界大战后西方经济由恢复转向迅速发展的时期，企业急需采用新的方法调动员工积极性，以提高竞争力，目标管理可谓应运而生，遂被广泛应用，并很快为日本、西欧国家的企业所仿效，在世界管理界大行其道。

2. 安全目标管理的作用

实行安全目标管理，将充分启发、激励、调动企业全体职工在安全生产中的责任感和创造力，有效提高企业的现代安全管理水平。具体体现在以下三方面。

（1）充分体现了“安全生产，人人有责”的原则，使安全管理向全员管理发展。安全目标管理通过目标层层分解，措施层层落实，工作层层开展来实现全员参加全员管理和全过程管理。这种管理事先只为企业每个成员定了明确的责任和清楚的任务，并对这些责任、任务的完成规定了时间、指标、质量等具体要求，每个人都可以在自己的管辖或工作范围内自由选择实现这些目标的方式和方法。职工在“自我控制”的原则下，充分发挥自己的能动性、积极性和创造性，从而使人人参加管理。这样可以克服传统管理中常出现的“管理死角”的弊端。

（2）有利于提高职工安全技术素质。安全目标管理的重要特色之一，就是推行“成果第一”的方针，而成果的取得主要依赖个人的知识结构、业务能力和努力程度。安全生产以预防各类事故的发生为目标，因此，每个职工为了实现通过目标分解下达给自己的安全目标，就必须在日常生产工作等过程中，增长知识，提高在安全生产上的技术素质。这样就能够促使职工自我学习和提高工作能力，使职工对安全技术知识的学习由被动型转化为主动型。经过若干个目标周期，职工安全意识、安全知识、安全技术水平等都将会得到很大提高，职工自我预防事故的能力也会得到增强。

（3）促进在企业内推行安全科学管理。目标管理为了目标的实现，利用科学的预测方法，确定设计过程、生产过程、检修过程和工艺设备中的危险部位，明确重点部位的“危险控制点”或“事故控制点”。因此，由于企业安全目标管理的推行，许多科学的管理方法得以广泛运用。要想控制事故的发生，就必须采用安全检查、事故树分析法、故障类型及影响分析法等安全系统工程的分析法和QC活动中的PDCA循环、排列图、因果图和矩阵数据分析图等全面质量管理的方法，确定影响安全的重要岗位、危险部位、关键因素、主要原因等，然后依据测定、分析、归纳的结果，采取相应的措施，加强重点管理和事故的防范，以达到目标管理的最终目的。这些科学预测方法和管理方法在企业安全目标管理上的应用，正是企业推行安全目标管理的结果。反过来，只有采用这种科学管理方法，才能使企业安全目标管理得以实现。

二、安全目标管理的特点

目标管理的理论依据是目标设置理论。根据该理论，人的行为的一个重要特征是有目的的行为。目标是一种刺激，合适的目标能够激发人的动机，规定行为的方向，通过目标管理，可以把目标这种外界的刺激转化为个人的内在动力，形成从组织到个人的目标体系。

1. 目标管理是企业管理的一种系统管理方法

目标管理是企业管理的一种系统管理方法。它是指企业内部各个部门以至每个人从上到下围绕企业的总目标制定各自的目标，确定行动方针，安排工作进度，有效地组织实现，并对成果严格考核的一种管理制度。它是参与管理的一种形式，是根据工作目标控制企业生产经营的一种民主、科学、有效的管理方法，是我国企业实现现代化管理的一项重要内容。

目标管理理论认为，企业的目的和任务，必须转化为目标，企业管理人员应该通过目标对下级进行领导，以保证企业总目标的实现。如果企业的某个领域没有制定目标，那么，这个领域一定被忽视。推行目标管理，可以有力地激发职工参与民主管理的积极性。我国一些企业在推行目标管理方面，取得了可喜的成绩。

2. 安全目标管理的三个主要特点

安全目标管理具有目的性、分权性和民主性三个主要特点。

（1）目的性。实行目标管理，将企业在一定时期内的目标、任务转化为全体成员上下一致的、明确的行动准则，使每个成员有努力方向，有利于上级的领导、检查和考核，并减少企业内部的矛盾和浪费。这里所说的目标与以往的目标概念有所不同，它包含完成程度、完成期限、完成目标体系，根据原定目标测定执行人员的成绩等。

（2）分权性。随着企业总目标的逐层分解、展开，也要逐层下放目标管理的自主权，实行分权。即在目标制定之后，上级根据目标的内容授予下级以人事、财务和对外处理事务的最大限度的权力，使下级能运用这些权力来完成目标。有水平的上级，在目标管理中只抓两项工作，一是根据企业总目标向下一层次发出指令信息，最后考核指令的执行结果；二是协调下一层次各单位之间的不协调关系，对有争议的问题作出裁决。

（3）民主性。目标管理是全员参加的，为实现其目标的整体性活动。由企业领导者制定目标，经过职代会讨论通过，然后编制企业目标展示图，层层展开，层层落实，围绕目标值制定主要措施，责任落实到人并提出进度要求，从而形成目标连锁。这样，通过有效地实行自我管理和自我控制，就可以进一步激发广大职工的主人翁责任感，充分发挥他们的积极性、创造性，更好地达到企业总目标。

三、安全目标管理的模式

安全目标管理可分为目标的制定、目标的执行、实施目标成果的评价与考核等步骤。

1. 目标的制定

企业为了提高生产经营活动的安全成果，必须自上而下共同商定切实可行的企业安全总目标，而全体职工都要制定与安全、总目标相一致的分目标，从而形成以总目标为中心的完整的安全目标体系。

安全目标的制定必须有一定的管理依据，要进行科学的分析，要结合各方面因素，并做到重点突出，主攻方向明确；先进可行，目标、措施对应。在具体实施过程中，需要注意以下事项：

（1）目标的重点性。要分清主次，绝对不能平均分配，面面俱到。安全目标一般应突出重大事故、负伤频率、尘毒监测率、合格率等方面指标。在保证重点目标的基础上，还应做到次要目标对重点目标的有效配合。

（2）目标的先进性。目标的先进性是它的适用性和挑战性。确定目标高低的原则是：一般略高于执行者的能力和水平，使之经过努力可以完成。应该是“跳一跳，够得到，不能高不可攀，望而生畏”，也不能“毫不费力，一步登天”，从而达到调动职工积极性的目的。

（3）目标的可比性。就是应尽最大努力使目标的预期成果具体化、定量化、数据化。如负伤频率不能只笼统提比去年有所下降，而应提出降低百分之几，这样有利于比较，易于检查和评价。当然，当轻伤事故降到一定程度后，根据质量指标波动理论，负伤频率不可能一直连年下降，有时可能会波动回升，只要在指标范围内还是允许的，要灵活掌握。

（4）目标的综合性。企业安全目标管理，既要保证上级下达指标的完成，又要兼顾企业各个环节、各个部门及每个职工所能，不能顾此失彼。要使每个部门、每个职工都能接受，要有针对性，要有实现的可能性。

（5）目标与措施的对应性。如果措施不为目标服务，或目标不用措施保证，则会成为没有措施保证的目标或没有目标的保证措施，目标管理就失去了科学性、针对性和有效性。合理确定安全目标值是安全目标管理中最重要的工作。合理、适宜的目标值应该是企业管理水平的客观反映，也是先进性和可行性的辩证统一，太高太低都不合适，甚至会产生副作用。因此，定目标值应慎重，要进行纵横比较和对比调整，从而制定出较为先进的、被上级认可的安全目标值，作为年度或阶段考核指标。

2. 安全目标体系的建立

安全目标管理涉及企业各个部门、各个单位，是关系安全生产全局的大问题。安全目标体系具有包容性、适用性和科学性。编制一个完善的目标体系是实现目标管理的前提。安全目标管理体系由安全目标体系和措施体系组成。

安全目标体系的内容主要包括：安全管理水平提高目标、安全教育达到程度目标、伤亡事故控制目标、劳动环境与劳动条件治理后的尘毒有害作业场所达标率提高目标、事故隐患整改完成率目标、现代化科学管理方法应用目标、安全标准化班组达标率目标、工厂安全性评价目标、厂长任职安全目标、各项安全工作目标。

目标分解要做到横向到边，纵向到底，纵横连锁，形成网络。横向到边就是把企业安全总目标分解到各个科室、车间、部门，纵向到底就是把全厂的总目标由上而下一层一层分解，明确责任，使责任落实到每个人，实现多层安全管理目标连锁体系。

根据目标层层分解的原则，保证措施也要层层落实，做到目标和保证措施相对应，使每个目标值都有具体保证措施。就目前安全管理来看，措施的主要方面有：落实各级安全生产责任制；加强全员安全培训，提高职工安全技术素质；编制、修订各类安全管理制度；有毒、有害岗位治理；落实安全技术措施项目；加强各类安全检查，及时消除事故隐患；开展事故预测，提高防灾害能力；确定危险岗位，管理危险设备；完善各种安全措施等。保证措施的落实在整个目标管理中的作用很大，关系到目标管理的最后结果。所以，措施要越往下越具体，要有质量、时间等方面的要求，并尽可能做到定量化、细分化。

在制定目标和措施时，还要制定考核细则，考核细则包括目标标准和考核办法。它是目标管理中对执行者完成目标情况进行评价的尺度和方法，是编制目标管理的一个不可缺少的内容。考核细则中的项目应力争做到定量化，对定性目标也要有可比的标准和考核办法。考核细则中的工作标准、奖惩标准与措施部分的工作目标和考核条件应保持一致。

3. 推行安全目标管理的注意事项

企业要推行安全目标管理并取得理想的成果，除考虑上述要求外，还应注意以下事项。

（1）企业领导者要理解并支持安全目标管理。如果企业领导者不理解或不支持，则无法有效地制定企业的总体目标，无法展开基层单位甚至每个人的目标，不能有效地对整个目标进行计划、指挥、组织、监督和调节工作，不能很好地以最终成果作为考核评价的标准，也不能由此决定职工的职务升降和奖惩。

（2）要加强对中下层干部的思想教育。中层及以下干部是企业安全管理中主要的管理、监督层，是促进目标管理的重要因素。因此，要对他们加强教育并经常督促，破除他们可能存在的安于现状、墨守成规、不求进取等旧习惯。

（3）要加强对全体职工的思想教育。为统一全体职工对安全目标管理的认识，必须进行全员教育，充分发挥广大职工在目标管理中的积极作用。在推行中，要认真研究职工心理变化的规律，做好对职工的引导工作。

（4）要有较完善、系统的安全管理基础。企业管理基础工作的好坏，直接决定着企业安全目标制定的完整性和先进性。例如，为了制定既先进又可行的职工工伤频率指标和保证措施，必须有本企业历年来事故统计资料、职工接触尘毒情况、有毒有害岗位监测情况和治理结果整理与分析等基础工作。只有这样，才能把安全目标管理建立在可靠的基础上。

（5）全员参加安全目标管理。由于安全目标管理以“自我控制”为特点，实行全员、全过程管理，并且是通过目标层层分解、措施层层落实来实现的，所以必须充分发动群众，将企业的全体职工都严密地、科学地组织在安全目标管理体系内。在制定目标时，要充分和职工及下级协商。安全管理要落实到每个职工身上，渗透到每个操作环节中。实际上，每个职工在企业安全管理上都承担一定的目标值。没有广大职工参加安全目标管理，就失去了目标管理的真正意义。

（6）安全目标管理要责、权、利相结合。企业实行安全目标管理时，要明确职工在目标管理上的职责，因为没有责任的责任制就等于流于形式。同时要赋予他们在日常管理的权力，而权限大小，应根据各人所担负的目标责任的大小和完成目标任务的实际需要来确定。还要给予他们应得的利益，不能“干与不干一样”，这样就能调动广大职工在安全目标管理上的积极性并有持久性。

（7）安全目标管理是综合性很强的管理方法。目标管理是科学管理方法中一种综合性很强的管理方法。如果把整个企业的安全管理看成是一张网，那么，安全目标管理就是这张网的总网。目标管理是诸管理方法中总的管理方法，它包含其他各种管理方法。其他管理方法是目标管理的分支和组成部分，因为它们在应用范围和管理内容的深度上都有限。所以，抓安全目标管理就能做到“纲举目张”。例如，基本管理中的建立、健全责任制，加强安全检查、技术措施计划、安全教育等都是为完成企业安全总目标而采取的一种措施和手段。安全系统工程、人机工程学中的一些方法都是措施和手段。因此，在实践中可以同时应用这些方法。

总之，安全目标管理工作在企业安全管理中运用很广，而且它作为一种先进的科学管理方法，今后必将在企业管理中起到越来越大的作用。

第二章　事故隐患排查与控制对策

第一节　事故隐患排查整改对策

事故隐患是事故形成的前兆，是事故发生的温床，事故隐患与事故发生之间存在因果关系。因此，“隐患险于明火，防范胜于救灾”。在安全管理工作中，必须重视事故隐患排查，尽早地排查事故隐患，采取积极的有针对性的对策措施，防止人的不安全行为，消除物的不安全状态，中断事故隐患的发展进程，从而避免事故的发生。

一、对事故隐患的认识和排查要求

1. 对事故隐患的认识

安全生产事故隐患，是指生产经营单位违反安全生产法律、法规、规章、标准、规程和安全生产管理制度的规定，或者因其他因素，在生产经营活动中存在可能导致事故发生的危险状态、人的不安全行为和管理上的缺陷。

事故隐患分为一般事故隐患和重大事故隐患。一般事故隐患是指危害和整改难度较小，发现后能够立即整改排除的隐患。重大事故隐患是指危害和整改难度较大，应当全部或者局部停产停业，并经过一定时间整改治理方能排除的隐患，或者因外部因素影响致使生产经营单位自身难以排除的隐患。

按照《安全生产事故隐患排查治理暂行规定》（国家安全生产监督管理总局令第16号）的规定，生产经营单位应当建立健全事故隐患排查治理制度，同时生产经营单位主要负责人对本单位事故隐患排查治理工作全面负责。

隐患是安全生产各种矛盾问题的集中表现，是滋生事故的土壤，隐患不除，事故难绝。因此，必须牢固树立预防为主的思想，把工夫下在平时，坚决改变重事后查处、轻事前防范的错误倾向。

2. 对事故隐患排查整改的认识

事故隐患与事故一样，具有隐蔽性、危险性、突发性、因果性、持续性、意外性、季节性等特征。“冰冻三尺，非一日之寒。”大凡事故的发生，都因潜藏着隐患，只是有的显现，有的隐蔽，有的被发现，有的没被发现罢了。事故隐患是企业的大敌，它或早或晚必将导致事故的发生，给企业带来不可估量的损失。

排查事故隐患绝不仅仅是企业安全员的责任。偌大的企业，只凭几个安全员的巡查是远远不够的，一双眼睛的警惕只能形成一条安全线，众人眼睛的警惕则可以织出一张安全网。企业的每位职工都应善于发现工作中的隐患，做一位有心人，不放过一个烟头、一个螺钉带来的危险，唯有如此，企业的安全生产才能保证。

在隐患的排查整改上，不但要注重发现那些重点部位的隐患，而且对那些非重点部位以及人们认为非常熟悉的作业过程和不会出问题的地方也不能忽视。大量的事实告诉我们：查找隐患眼睛一定要亮，要像抓敌人一样来抓隐患。非重点部位一旦发生事故，人们往往感到出乎意料；事实上是隐患使然，只是人们没有认识到隐患的存在罢了。隐患始终在等待适合它“发作”的条件，一旦条件具备，便会一触即发，导致事故的发生。我们的工作就是要切断隐患“发作”的这种适当条件。

企业应建立严格细致的检查制度，从检查范围、检查频次到检查内容都应给出明确的规定。实行从班组检查、科队检查到公司级检查，一级级把关，一级级保证，要责任明确，实行单位一把手负责制；在检查频次方面可以分为现场检查、专项检查、综合安全检查等；在检查内容上要给出明确规定，各级检查都要明确责任人，编制规范的检查表，形成检查—责任部门确认—制定整改措施—整改—复查的闭环系统，必要时还要辅以考核，以促进整改。

对未遂事故进行分析，从中辨识出潜在的危险因素。未遂事故是未造成伤害的事故，它与伤亡事故、重大损失事故的致因机理是完全相同的，所以，分析未遂事故可以从中查找出事故隐患的信息。通过调查分析可以发现：在重大事故发生之前，往往已发生多次无伤害事故，不安全因素已经暴露多次。在安全管理中，可以从收集到的无伤害事故中分析出原因，采取相应的措施，制定相应的对策，从而达到消除隐患及伤害事故发生的目的。对检查中查找的隐患进行统计分析，从而确定控制要因（最主要的隐患），在工作中予以重点控制、消除。还可以对作业条件进行危险性评价，就是对生产过程或某种操作过程的固有或潜在的危险以及对这些危险可能造成的后果的严重性进行识别、分析和评估，以采取最经济、合理及有效的安全对策。这是一种变传统的“事后处理”为科学的“事前预测预防”的方法。

3. 事故隐患排查的主要方式

事故隐患排查的目的是查找潜在的事故隐患。然而，排查事故隐患在许多时候并不是一件容易的事情，不能过于盲目，需要讲究科学，根据国家法律法规和相关标准、规范以及企业管理制度的要求制订安全检查表，使隐患排查真正做到有的放矢，避免盲目性。

事故隐患排查（辨识）的方式主要有6种：

（1）通过借鉴事故案例查找隐患。对照同行业、同装置、同类生产工艺、类似生产场所发生的事故案例，举一反三，自我剖析，查找与本岗位类似的事故隐患。

（2）通过关注异常事件分析查找事故隐患。只有关注并控制小事件、未遂事件及异常事件，才能更好地实现事故的管理；通过对异常事件的调查分析来查找隐患，以小见大，才能避免类似事件的重复发生。

（3）通过强化危险源动态管理查找事故隐患。危险源也是一种事故隐患，定期组织员工在生产岗位上开展危险源辨识活动，将辨识出的危险源进行归纳整理，并进行风险评价，制订相应的防范措施或事故预案，并对员工进行培训教育提高员工风险辨识水平。

（4）通过开展未遂事件征集活动查找事故隐患。发动岗位操作人员开展岗位事故危险预知预想分析活动，查找分析本岗位的未遂事件，找出管理上、设备上、工艺上存在的缺陷或隐患，并提出自我防范设想，将事故预防落实到生产运行的最前沿。

（5）通过开展现场安全检查查找事故隐患。经常性地开展全方位、全天候、多层次的现场安全检查、专项督查、专业检查，以便及早发现事故隐患。

（6）通过开展安全评价与评估查找事故隐患。可委托评价单位采用定性、定量的安全评价方法，进行建设项目预评价、验收评价和在役装置的现状安全评价；也可根据企业的实际情况定期组织进行风险评价，找出可能产生的事故隐患，提出防范对策措施。

二、事故隐患排查整改有关规定和要求

1. 《安全生产事故隐患排查治理暂行规定》相关要点

2007年12月22日，国家安全生产监督管理总局局长办公会议审议通过《安全生产事故隐患排查治理暂行规定》（国家安全生产监督管理总局令第16号）（以下简称《规定》），自2008年2月1日起施行。

《规定》分为5章32条，各章内容为：第一章总则，第二章生产经营单位的职责，第三章监督管理，第四章罚则，第五章附则。制定《规定》的目的，是根据《安全生产法》等法律、行政法规，为了建立安全生产事故隐患排查治理长效机制，强化安全生产主体责任，加强事故隐患监督管理，防止和减少事故，保障人民群众生命财产安全。《规定》适用于生产经营单位安全生产事故隐患排查治理和安全生产监督管理部门、煤矿安全监察机构（以下统称安全监管监察部门）实施监管监察。

任何单位和个人发现事故隐患，均有权向安全监管监察部门和有关部门报告。安全监管监察部门接到事故隐患报告后，应当按照职责分工立即组织核实并予以查处；发现所报告事故隐患应当由其他有关部门处理的，应当立即移送有关部门并记录备查。

（1）对生产经营单位职责的有关规定

1）生产经营单位应当依照法律、法规、规章、标准和规程的要求从事生产经营活动。严禁非法从事生产经营活动。

2）生产经营单位是事故隐患排查、治理和防控的责任主体。生产经营单位应当建立健全事故隐患排查治理和建档监控等制度，逐级建立并落实从主要负责人到每个从业人员的隐患排查治理和监控责任制。生产经营单位应当保证事故隐患排查治理所需的资金，建立资金使用专项制度。

3）生产经营单位应当定期组织安全生产管理人员、工程技术人员和其他相关人员排查本单位的事故隐患。对排查出的事故隐患，应当按照事故隐患的等级进行登记，建立事故隐患信息档案，并按照职责分工实施监控治理。

4）生产经营单位应当建立事故隐患报告和举报奖励制度，鼓励、发动职工发现和排除事故隐患，鼓励社会公众举报。对发现、排除和举报事故隐患的有功人员，应当给予物质奖励和表彰。

5）生产经营单位将生产经营项目、场所、设备发包、出租的，应当与承

包、承租单位签订安全生产管理协议，并在协议中明确各方对事故隐患排查、治理和防控的管理职责。生产经营单位对承包、承租单位的事故隐患排查治理负有统一协调和监督管理的职责。

6）重大事故隐患报告内容应当包括：

①隐患的现状及其产生原因；

②隐患的危害程度和整改难易程度分析；

③隐患的治理方案。

对于一般事故隐患，由生产经营单位（车间、分厂、区队等）负责人或者有关人员立即组织整改。对于重大事故隐患，由生产经营单位主要负责人组织制定并实施事故隐患治理方案。

7）重大事故隐患治理方案应当包括以下内容：

①治理的目标和任务；

②采取的方法和措施；

③经费和物资的落实；

④负责治理的机构和人员；

⑤治理的时限和要求；

⑥安全措施和应急预案。

8）生产经营单位在事故隐患治理过程中，应当采取相应的安全防范措施，防止事故发生。事故隐患排除前或者排除过程中无法保证安全的，应当从危险区域内撤出作业人员，并疏散可能危及的其他人员，设置警戒标志，暂时停产停业或者停止使用；对暂时难以停产或者停止使用的相关生产储存装置、设施、设备，应当加强维护和保养，防止事故发生。

9）生产经营单位应当加强对自然灾害的预防。对于因自然灾害可能导致事故灾难的隐患，应当按照有关法律、法规、标准和《规定》的要求排查治理，采取可靠的预防措施，制定应急预案。在接到有关自然灾害预报时，应当及时向下属单位发出预警通知；发生自然灾害可能危及生产经营单位和人员安全的情况时，应当采取撤离人员、停止作业、加强监测等安全措施，并及时向当地人民政府及其有关部门报告。

（2）对监督管理的有关规定

1）安全监管监察部门应当指导、监督生产经营单位按照有关法律、法规、规章、标准和规程的要求，建立健全事故隐患排查治理等各项制度。

2）安全监管监察部门应当建立事故隐患排查治理监督检查制度，定期组织对生产经营单位事故隐患排查治理情况开展监督检查；应当加强对重点单位的事故隐患排查治理情况的监督检查。对检查过程中发现的重大事故隐患，应当下达整改指令书，并建立信息管理台账。必要时，报告同级人民政府并对重大事故隐患实行挂牌督办。

3）安全监管监察部门应当配合有关部门做好对生产经营单位事故隐患排查治理情况开展的监督检查，依法查处事故隐患排查治理的非法和违法行为及其责任者。

4）安全监管监察部门发现属于其他有关部门职责范围内的重大事故隐患的，应该及时将有关资料移送有管辖权的有关部门，并记录备查。

（3）对罚则的有关规定

1）生产经营单位及其主要负责人未履行事故隐患排查治理职责，导致发生生产安全事故的，依法给予行政处罚。

2）生产经营单位违反《规定》，有下列行为之一的，由安全监管监察部门给予警告，并处3万元以下的罚款：

①未建立安全生产事故隐患排查治理等各项制度的；

②未按规定上报事故隐患排查治理统计分析表的；

③未制定事故隐患治理方案的；

④重大事故隐患不报或者未及时报告的；

⑤未对事故隐患进行排查治理擅自生产经营的；

⑥整改不合格或者未经安全监管监察部门审查同意擅自恢复生产经营的。

3）生产经营单位事故隐患排查治理过程中违反有关安全生产法律、法规、规章、标准和规程规定的，依法给予行政处罚。

4）安全监管监察部门的工作人员未依法履行职责的，按照有关规定处理。

2. 《关于建立安全隐患排查治理体系的通知》相关要点

2012年1月5日，国务院安全生产委员会办公室下发《关于建立安全隐患排查治理体系的通知》（安委办〔2012〕1号）。该通知指出：为探索创新政府和部门安全监管机制，强化和落实企业安全生产主体责任，打好安全隐患排查治理攻坚战，促进全国安全生产形势持续稳定好转，国务院安委会办公室决定在全国推广北京市顺义区等地区深入开展安全隐患排查治理、有效防范事故的先进经验和做法，争取用2～3年时间，在全国基本建立先进适用的安全隐患排查治理体系。该通知要点如下：

（1）深刻认识建立安全隐患排查治理体系的重大意义

安全隐患排查治理体系，是以企业分级分类管理系统为基础，以企业安全隐患自查自报系统为核心，以完善安全监管责任机制和考核机制为抓手，以制定安全标准体系为支撑，以广泛开展安全教育培训为保障的一项系统工程，包含了完善的隐患排查治理信息系统、明确细化的责任机制、科学严谨的查报标准及重过程、可量化的绩效考核机制等内容。

安全生产的理论和实践证明，只有把安全生产的重点放在建立事故预防体系上，超前采取措施，才能有效防范和减少事故，最终实现安全生产。建立安全隐患排查治理体系，是安全生产管理理念、监管机制、监管手段的创新和发展，对于促进企业由被动接受安全监管向主动开展安全管理转变，由政府为主的行政执法排查隐患向企业为主的日常管理排查隐患转变，从治标的隐患排查向治本的隐患排查转变，实现安全隐患排查治理常态化、规范化、法治化，推动企业安全生产标准化建设工作，建立健全安全生产长效机制，把握事故防范和安全生产工作的主动权具有重大意义。

（2）建立安全隐患排查治理体系的主要内容

1）掌握企业底数和基本情况。根据企业规模、管理水平、技术水平和危险因素等条件，掌握企业底数和基本情况，对企业进行分类分级，建立“按类分级，依级监管”的模式。

2）制定隐患排查标准。依据有关法律法规、标准规程和安全生产标准化建设的要求，结合各地区、各行业（领域）实际，以安全生产标准化建设评定标准为基础，细化隐患排查标准，明确各类企业每项安全生产工作的具体标准和要求，使企业知道“做什么、怎么做”，使监管部门知道“管什么、怎么管”，实现安全隐患排查治理工作有章可循、有据可依。

3）建立隐患排查治理信息系统。包括企业隐患自查自报系统、安全隐患动态监管统计分析评价系统等内容，形成既有侧重又统一衔接的综合监管服务平台，实现安全隐患排查治理工作全过程记录和管理。利用该系统，企业对自查隐患、上报隐患、整改隐患、接受监督指导等工作进行管理；安全监管部门对企业自查自报隐患数据、日常执法检查数据和监管措施执行到位等情况进行统计分析，对重大隐患治理实施有效监管。

4）明确安全监管职责。在地方党委、政府的统一领导下，进一步理顺和细化有关部门和属地的安全监管职责，明确“管什么、谁来管”。一是要明确安全监管部门组织、协调、监督、考核各行业主管部门和属地政府的综合安全监管职责。二是要明确行业主管部门的监督、指导、协调和服务职能，有安全监管行政处罚权的行业主管部门依法承担包括行政处罚在内的安全监督管理职责，没有安全监管行政处罚权的行业主管部门承担对有关行业或领域安全生产工作的日常指导、管理职责。三是要明确消防、质监等专项监管部门及时处理属地和行业主管部门移送的安全隐患的监管职责。

5）明确监管监察方式。在分类分级的基础上，对企业在监管频次、监管内容等方面实行差异化监管监察，提高监管工作的针对性和有效性。

6）制定安全生产工作考核办法。突出工作过程和结果量化，将有关部门和企业建立安全隐患排查治理体系、日常执法检查等相关工作完成情况的过程管理指标，纳入安全生产工作年终考核，提高安全监管的约束力和公信力。

（3）完善工作机制，狠抓责任落实，确保安全隐患排查治理体系建设取得实效

1）加强组织领导，统筹安排部署。各地区要切实加强对深化安全隐患排查治理工作的组织领导，紧密结合本地区实际，制定切实可行的安全隐患排查治理体系建设方案，周密安排，科学实施。要充分发挥地方各级安委会的组织、协调和指导作用，调动各职能部门、行业主管部门等方面的积极性，全面推进安全隐患排查治理工作。

2）落实安全责任，完善考核机制。一是地方各级安委会要积极推动出台相关规定和办法，进一步理顺部门、属地的安全监管职责，明确职责范围、内容和要求，各司其职，各负其责，齐抓共管，实现安全隐患排查治理工作的全覆盖和无缝化管理。二是要进一步完善安全生产目标考核制度，突出工作过程和结果量化，将安全隐患排查治理等过程管理的内容纳入年度考核指标，提高绩效考核的科学性和约束力。三是要严格绩效考核和责任追究，对责任不落实、考核不达标的单位或个人，要给予通报、严肃处理；对在深化隐患排查治理工作成绩突出的，要予以公开表彰和奖励。

3）创建典型示范，发挥榜样作用。一是各地区要积极发现、培养和树立深化安全隐患排查治理工作的典型地区、典型企业和先进事例，在隐患排查治理体制机制、法规制度、标准规程、方式方法、程序内容等方面形成可学、好学和管用的经验做法。二是通过组织召开先进典型经验交流会、座谈会和加强宣传报道等形式，广泛推广典型经验，全面深化安全隐患排查治理工作。三是要把安全隐患排查治理的示范地区和典型企业与安全生产标准化建设的示范地区和典型企业有机结合起来，互相促进，共同提高。四是要加强对建立安全隐患排查治理体系进展情况的检查和指导，确保工作有部署、抓落实、见实效，提高安全隐患的整改率。

4）注重统筹兼顾，构建长效机制。一是各地区要将深化安全隐患排查治理工作与日常安全监管、“打非治违”专项行动、安全专项整治、安全生产标准化建设、安全责任保险、“金安”工程等工作有机结合起来，统一部署，协同推进。二是要以建立安全隐患排查治理体系为契机，实现安全隐患排查、登记、上报、监控、整改、评价、销号、统计、检查和考核的全过程管理。三是要将安全隐患排查治理工作积极纳入本地区安全生产立法和规划中，以法规或规范性文件的方式明确有关制度，推动安全隐患排查治理长效机制建设。四是要优先制定急需的安全生产标准，及时修订或废止过时的标准，促进安全隐患排查治理工作科学化、规范化。

5）加强舆论宣传，广泛发动群众。一是要充分利用广播、电视、报纸、互联网等新闻媒体，加大宣传力度，营造有利的社会舆论氛围，引导各有关单位深刻认识建立安全隐患排查治理体系的重要性、必要性和紧迫性，增强做好安全隐患排查治理工作的主动性和自觉性。二是要加强职工安全培训，提高职工排查事故隐患的意识和能力；建立健全监督和激励机制，组织和鼓励职工结合本职工作查找各类事故隐患。三是对安全隐患排查治理不认真、走过场的单位，要予以公开曝光，督促其抓紧整改。

3. 《安全生产事故隐患排查治理体系建设实施指南》相关要点

2012年7月3日，国务院安全生产委员会办公室下发《关于印发工贸行业企业安全生产标准化建设和安全生产事故隐患排查治理体系建设实施指南的通知》（安委办〔2012〕28号）。该通知指出：为进一步推进企业安全生产标准化建设和安全隐患排查治理体系建设，夯实安全管理基础，提升安全监管水平，促进全国安全生产形势持续稳定好转，国务院安委会办公室组织制定了《工贸行业企业安全生产标准化建设实施指南》和《安全生产事故隐患排查治理体系建设实施指南》。

《安全生产事故隐患排查治理体系建设实施指南》分为5章，各章内容为：第一章概述，第二章政府监管工作，第三章企业隐患排查治理工作，第四章隐患排查治理标准，第五章隐患排查治理信息系统。其相关要点主要有：

（1）安全生产事故隐患排查治理概述

安全生产的理论和实践证明，只有把安全生产的重点放在建立事故预防体系上，超前采取措施，才能有效防范和减少事故，最终实现安全生产。为指导和规范隐患排查治理工作的深入开展，国家安全监管总局先后颁布了《煤矿重大安全生产隐患认定办法》（安监总煤矿字〔2005〕133号）、《安全生产事故隐患排查治理暂行规定》（安全监管总局2007年第16号令）等办法、规定。国务院办公厅下发了《关于在重点行业和领域开展安全生产隐患排查治理专项行动的通知》（国办发明电〔2007〕16号）和《关于进一步开展安全生产隐患排查治理工作的通知》（国办发明电〔2008〕15号），要求通过开展隐患排查治理专项行动，进一步落实企业的安全生产主体责任和地方人民政府的安全监管职责，全面排查治理事故隐患和薄弱环节，认真解决存在的突出问题，建立重大危险源监控机制和重大隐患排查治理机制及分级管理制度，有效防范和遏制重特大事故的发生，促进全国安全生产状况进一步稳定好转。

北京市顺义区从2008年开始推动安全隐患排查治理体系的建立工作，建立了以企业分级分类、信息化管理为基础，以企业自查自报为核心，以健全完善隐患排查报送标准为支撑，以检查考核为手段，以培训教育为保障的安全隐患排查治理体系，把隐患排查治理和安全生产工作逐步纳入了科学化、制度化、规范化的轨道，实现了以政府排查治理隐患为主向企业排查治理隐患为主的转变。广东省珠海市在北京市顺义区的基础上，紧密结合本地实际，以企业基础信息平台、隐患排查治理平台和绩效考核平台为基础，建立了生产经营单位事故隐患自查自报系统，明确了企业隐患排查治理主体责任和政府部门管理职责，在隐患排查治理工作方面取得了良好效果。

为总结推广北京市顺义区等地的经验和做法，2011年10月26日至27日，全国安全隐患排查治理现场会在北京市顺义区召开，反响热烈，有力推动了各地的隐患排查治理工作，全国约60家单位前往顺义区考察学习。为探索创新政府和部门安全监管机制，强化和落实企业安全生产主体责任，打好安全隐患排查治理攻坚战，促进全国安全生产形势持续稳定好转，2012年1月，国务院安委会办公室印发了《关于建立安全隐患排查治理体系的通知》（安委办〔2012〕1号），决定在全国推广北京市顺义区等地深入开展安全隐患排查治理、有效防范事故的先进经验和做法，争取用2～3年的时间，在全国各地基本建立起先进适用的安全隐患排查治理体系，逐步从根本上掌握事故防范和安全生产工作的主动权。该通知要求各地要深刻认识建立安全隐患排查治理体系的重大意义，建立安全隐患排查治理体系的主要内容，完善工作机制，狠抓责任落实，确保安全隐患排查治理体系建设取得实效。

（2）安全生产事故隐患排查治理基本概念

1）隐患排查。隐患排查是指生产经营单位组织安全生产管理人员、工程技术人员和其他相关人员对本单位的事故隐患进行排查，并对排查出的事故隐患，按照事故隐患的等级进行登记，建立事故隐患信息档案。

2）隐患治理。隐患治理就是指消除或控制隐患的活动或过程。对排查出的事故隐患，应当按照事故隐患的等级进行登记，建立事故隐患信息档案，并按照职责分工实施监控治理。对于一般事故隐患，由于其危害和整改难度较小，发现后应当由生产经营单位（车间、分厂、区队等）负责人或者有关人员立即组织整改。对于重大事故隐患，由生产经营单位主要负责人组织制订并实施事故隐患治理方案。

（3）安全隐患排查治理体系

1）安全隐患排查治理体系的构成。事故源于隐患，隐患是滋生事故的土壤和温床。“预防为主、综合治理”的前提，就是首先通过主动排查，全范围、全方位、全过程地去发现存在的隐患，然后综合采取各种有效手段，治理各类隐患和问题，把事故消灭在萌芽状态。只有这样，“安全第一”才能得到真正的实现。从这个意义上说，排查治理隐患是落实安全生产方针的最基本任务和最有效途径。

安全隐患排查治理体系是一项系统工程，由政府及其有关部门推动，对企业（包括各类生产经营单位、机关事业单位和团体，下同）开展分级分类管理，并编制各行业的隐患排查治理标准；由企业承担主体责任，对生产经营过程中存在的人、物、管理等各方面的隐患依据隐患排查治理标准进行主动排查，并对发现的隐患实施治理，通过隐患排查治理信息系统上报、跟踪督导和统计分析，保证监管力度与效果，实现安全生产。具体来说，安全隐患排查治理体系由以下几个部分形成：

第一，摸清企业底数，实行分级分类监管。摸清生产经营单位的底数，根据生产经营单位的性质和安全生产状况分类分级，负有安全生产职责政府部门对监管职责范围内的生产经营单位按照不同等级进行监督管理。其核心内容概括为“各司其职，各负其责，按类分级，依级监管”，明确了企业、行业、属地、专项以及综合监管部门各方的安全生产工作职责。

第二，制定科学严谨的隐患排查治理标准。按照科学性、全面性和系统性的原则，考虑不同类别的企业可能存在隐患的区别，将隐患特点相近的企业归为一类，制定隐患排查标准。

第三，建立清晰明确的工作职责。通过理顺生产经营单位、行业管理部门、属地管理部门、专项监管部门以及综合监管部门的安全生产工作职责，明确履行安全职责的范围、内容和要求，解决职责空缺、职责不清、职能交叉等问题，形成“分工负责、齐抓共管”的安全监管工作格局，从而实现安全隐患排查治理监管工作的全覆盖和无缝化管理。

第四，建立隐患排查治理考核制度。安全生产考核主要分为政府部门绩效考核和对生产经营单位的考核。对各级政府及各职能部门的绩效考核是推动政府各项政策措施贯彻执行的重要手段；对生产经营单位奖惩机制的建立是推动企业主体责任落实，真正开展隐患排查治理自查自报工作的重要保障。

第五，开发功能完善的信息系统。隐患排查治理信息系统是实现隐患自查自报工作的基础平台，须围绕各级安全监管部门、煤矿安全监察机构（以下简称安全监管部门）监管监察工作和生产经营单位隐患排查治理的需求进行建设，以起到联通政府部门和生产经营单位的“桥梁”作用。隐患排查治理信息系统建设主要包含政府端系统建设和企业端系统建设两个部分。其中政府端系统从纵向的各级安全生产综合监管部门，横向扩展到各级安委会成员单位。企业端系统则对企业的隐患自查自报工作进行了明确。

第六，开展隐患自查自报。企业应逐级建立并落实从主要负责人到每个从业人员的隐患排查治理责任制、隐患治理登记及隐患治理专项资金使用等制度，并明确自查自报管理机构和责任人、联络人。根据相关行业监管部门出台的生产经营单位事故隐患自查标准，开展日常隐患排查、治理工作。建立隐患治理登记制度，留存登记档案。企业要及时落实行业和属地管理部门提出的工作要求，实时更新本单位的基本信息。对排查出的事故隐患和治理情况，由生产经营单位负责人或者有关人员，如实在网上向政府安全生产监管部门汇报。

2）建立安全隐患排查治理体系的意义。安全生产事故隐患排查治理工作是《安全生产法》所规定的重要内容之一，是安全生产标准化建设的重要基础。《安全生产事故隐患排查治理暂行规定》（国家安全生产监督管理总局第16号令）对此项工作作出了具体的规定。建立健全安全隐患排查治理体系，贯彻落实了以人为本的科学发展观，充分体现了“安全第一、预防为主、综合治理”的方针，是安全生产工作理念、监管机制、监管手段和方法的创新与发展，把隐患排查治理和安全生产工作逐步纳入了科学化、制度化、规范化的轨道。

建立安全隐患排查治理体系有助于落实企业安全主体责任。企业是安全生产的责任主体，理所当然地也是隐患排查治理的主体。通过建立隐患排查治理体系，实现了对企业安全生产的动态监控，使隐患排查治理从以政府为主向以企业为主转变，可以充分调动企业积极性，促使企业由被动接受监管变为主动排查治理隐患，主动加强安全生产。北京市顺义区建立隐患排查治理体系以来，企业安全生产责任主体意识明显提高，安全隐患自查自报率达到93.3%，有效地防范了各类事故。

建立安全隐患排查治理体系有助于加强和改进政府安全监管。从顺义区的情况看，建立安全隐患排查治理体系进一步明晰了监管职责，安全生产综合监管部门、行业监管部门和相关部门，在隐患排查治理体系中都有自己特定的位置和明确的职责，解决了政府部门在隐患排查治理和安全生产工作中“管什么，怎么管，谁去管”一系列实际问题；其次是改善了监管手段，提高了监管效率，有了体系和信息平台，就可以随时掌控企业隐患排查治理等基本情况，对相关信息进行实时统计，及时做出分析判断和督促指导，有效防止隐患恶化和事故发生。

建立安全隐患排查治理体系有助于综合推进安全生产工作。隐患排查治理是一项涉及广泛、综合性很强的工作。隐患排查治理体系涵盖了安全生产责任制、安全监管信息化建设、企业安全生产标准化建设、打击非法违法和治理违规违章、群众参与和监督、安全培训教育等方面的工作。借助于这个抓手，可以把安全生产各方面工作都带动起来。北京市顺义区、珠海市所建立的隐患排查治理体系中，包含了不同类型企业的隐患排查标准等内容，是开展安全培训教育的现成教材。它们举办了大量安全隐患知识培训班，对生产经营单位负责人和安全管理人员进行全覆盖的培训，既保证了隐患自查自报系统的顺利推行，又推动了安全教育培训工作。

各地在建立安全隐患排查治理体系时，顶层设计要系统全面，并为以后的工作留下接口，提供扩展的可能，具体工作要突出重点，先易后难，分步实施，稳步推进。首先应把事故多发、危险程度较高的煤矿、非煤矿山、危险化学品、烟花爆竹、建筑施工、交通运输、冶金、机械等行业、领域的企业纳入体系，实现隐患自查自报。对于危险程度较低的企业及事业单位、机关团体等，在统一规划设计后，根据工作实际，逐步推动。

3）与安全生产标准化建设工作的关系。隐患排查治理工作是安全生产标准化建设的基础，贯穿于安全生产标准建设的全过程，建立安全隐患排查治理体系为安全生产标准化建设提供了坚实的基础保障。

安全隐患排查治理体系是安全生产标准化工作的重要内容。安全生产标准化建设工作是我国安全生产领域当前的重点工作，其实施的主要依据是《企业安全生产标准化基本规范》及各行业的安全生产标准化评定标准。《企业安全生产标准化基本规范》第八项要素即为隐患排查和治理，对隐患排查、排查范围与方法、隐患治理和预测预警四个方面提出了基本要求和原则性规定。安全隐患排查治理体系作为一个具有依据明确、结构完整、内容充实和可操作性强的独立运行的系统，为企业提供了隐患排查治理标准，指导企业开展隐患排查治理工作，是安全生产标准化的进一步细化和深化。

安全隐患排查治理体系反映了安全生产标准建设的动态过程。建立安全隐患排查治理体系可以更好地促进企业全面、深入地做好隐患排查治理工作，使政府有关监管部门能及时、准确地掌握其安全生产状况，为政府及其有关部门为企业做好服务工作提供了保证。安全生产标准化工作通常要求企业每年至少进行一次自评，安全生产标准化企业证书和牌匾有效期为3年，到期时企业可按有关规定申请延期，换发证书、牌匾。

（4）政府监管工作

企业是安全生产的责任主体。搞好安全生产管理工作，必须逐步解决企业自律问题，让企业主体责任的落实有载体。在建立隐患排查治理体系过程中，要明确政府与企业的职责定位，各级政府要充分发挥指导、监督、管理的作用，通过政府监管（管理）职责的落实推动企业隐患排查治理主体责任的落实。

（5）企业隐患排查治理工作

企业是隐患排查治理工作的主体，是隐患排查治理工作的直接实施者。企业隐患排查治理工作主要包括四个方面：自查隐患、治理隐患、自报隐患和分析趋势。自查是为了发现自身所存在的隐患，保证全面而减少遗漏；治理是为了将自查中发现的隐患控制住，防止引发后果，尽可能从根本上解决问题；自报是为了将自查和治理情况报送政府有关部门，以使其了解企业在排查和治理方面的信息；分析趋势是为了建立安全生产预警指数系统，对安全生产状况做出科学、综合、定量的判断，为合理分配安全监管资源和加强安全管理提供依据。

1）企业自查隐患。企业自查隐患就是在政府及其部门的统一安排和指导下，确定自身分类分级的定位，采用其适用的隐患排查治理标准，通过准备、组织机构建设、建立健全制度、全面培训、实施排查、分析改进等步骤形成完整的、系统的企业自查机制。尤其是大型企业集团，应在企业内部形成联结所有管理层级和各个生产单位，以及当地安全监管部门的隐患排查治理体系。

①准备工作。为保证隐患自查工作能够打下坚实的基础，企业必须做好与之相关的准备工作。隐患排查治理是涉及企业所有部门、所有生产流程、所有人员的一项系统工程，如果不做好全面的准备，那么所建立的隐患排查治理机制将缺乏系统性和可操作性，结果必然是“一阵风”式地开展一次“运动”，不能做到深入和持久地开展自查工作。准备工作主要包括：a.收集信息。由企业安全生产主管部门和有关专业人员，对现行的有关隐患排查治理工作的各种信息、文件、资料等通过多种行之有效的方式进行收集。此项工作也可以委托与企业有合作关系的服务方来实施。b.辅助决策。将收集信息形成的有关材料向企业管理层汇报，并说明有关情况，使企业管理层的领导能够全面、正确理解和认识隐患排查治理工作，对企业建设隐患排查治理工作做出正确决策。c.领导决策。高、中层领导需要从思想意识中真正解决为什么要实施隐患排查治理工作的问题，并为此项工作提供充分的各类资源，隐患排查治理工作才会在企业得到有效和完全的实施。

②组织机构建设。由企业一把手担任隐患排查治理工作的总负责人，以安全生产委员会或领导班子为总决策管理机构，以安全生产管理部门为办事机构，以

基层安全管理人员为骨干，以全体员工为基础，形成从上至下的组织保证。形成从主要负责人到一线员工的隐患排查治理工作网络，确定各个层级的隐患排查治理职责。

领导层：主要负责人是隐患排查治理工作的第一责任人，通过安委会、领导办公会等形式，将隐患排查治理工作纳入到其日常工作的范围中，亲自定期组织和参与检查，及时准确把握情况，发出明确的指令。主管负责人要在其职责中明确有关隐患排查治理的内容，将有关情况上传下达，做好主要负责人的帮手。其他有关领导也要在各自管辖范围内做好隐患排查治理工作，至少要知道、过问、督促、确认。

管理层：安全生产管理机构和专职安全管理人员是隐患排查治理工作的骨干力量，编制有关制度、培训各类人员、组织检查排查、下达整改指令、验证整改效果等是主要的工作内容。还要通过监督方式对各部门和下属单位及所有员工在隐患排查治理工作方面的履职情况进行了解，纳入考核，全力推动隐患排查治理工作的全方位和全员化。

操作层：按照责任制、相关规章制度和操作规程中明确的隐患排查治理责任，在日常的各项工作中，员工要有高度的隐患意识，随时发现和处理各种隐患和事故苗头，自己不能解决的及时上报，同时采取临时性的控制措施，并注意做好记录，为统计分析隐患留下资料。

③建立健全规章制度。制度是企业管理的基本依据，需要企业将法律法规和标准规范以及上级和外部的其他要求全面掌握，将其各项具体的规定结合自身的实际情况，通过编制工作将外部的规定转化为企业内部的各项规章制度，再经过全面的执行和落实，变成企业的管理行动。隐患排查治理工作也不例外，也基本按这一思路展开。企业需要建立的制度主要有：《隐患排查治理和监控责任制》《事故隐患排查治理制度》《隐患排查治理资金使用专项制》《事故隐患建档监控制度》（事故隐患信息档案）、《事故隐患报告和举报奖励制度》等。

隐患排查治理标准的细化。企业应根据其适用的政府部门制定颁布的隐患排查治理标准，结合自身的实际情况，对标准的内容和要求进行细化。例如，对企业主要负责人的安全生产职责中规定“督促、检查安全生产工作，及时消除生产安全事故隐患”的内容，企业就应当提出更具体的要求：明确督促的方式方法、检查的方式方法（对矿山等企业领导来说可能就要与下井带班作业相结合）、检查的频率（是每周还是每月参加一次）等。

2）人员全面培训。在全面铺开工作之前，应对有关人员进行初步的培训，使其掌握“谁来干?干什么?如何干?工作质量有什么要求?”等内容。企业隐患排查治理体系建设的初期培训对象分为两种，一是对领导层（高层与中层）人员进行背景培训，二是对承担推进工作的骨干人员进行全面培训。对领导（高层与中层）进行背景培训，通过培训，使相关领导充分认识到企业实施隐患排查治理体系的重要意义、作用，让他们了解整个实施过程，知道自己在整个过程中的工作职责，以及应该给予隐患排查治理工作的支持和保障。对承担推进工作的骨干人员进行全面培训，主要内容包括：背景（可与领导层培训合并进行）、相关政策法规、隐患排查标准内容详解、制度编写、隐患排查治理过程等方面。

隐患排查的主体是企业的所有人员，包括从领导到一线员工直到在企业工作范围内的外部人员，以保证排查的全面性和有效性。在颁布隐患排查治理制度文件之后，组织全体员工，按照不同层次、不同岗位的要求，学习相应的隐患排查治理制度文件内容。所有人员能不能或者会不会隐患排查是关键，必须对其进行有针对性和有效果的教育培训。在各种安全生产教育培训工作中要将隐患排查的内容纳入，并根据需要做专门的培训，还要确认培训的效果，以保证所有人员有意识、有能力地开展隐患排查。

3）实施排查。排查的实施是一个涉及企业所有管理范围的工作，需要有计划、按部就班地开展。

排查计划。排查工作涉及面广、时间较长，需要制订一个比较详细可行的实施计划，确定参加人员、排查内容、排查时间、排查安排、排查记录等内容。为提高效率，也可以与日常安全检查、安全生产标准化的自评工作或管理体系中的合规性评价和内审工作相结合。

隐患排查的种类。隐患排查种类包括：①专项排查。专项排查是指采用特定的、专门的排查方法，这种类别的方法具有周期性、技术性和投入性。主要有按隐患排查治理标准进行的全面自查、对重大危险源的定期评价、对危险化学品的定期现状安全评价等。②日常排查。指与安全生产检查工作的结合，具有日常性、及时性、全面性和群众性。主要有企业全面的安全大检查、主管部门的专业安全检查、专业管理部门的专项安全检查、各管理层级的日常安全检查、操作岗位的现场安全检查等。

排查的实施。以专项排查为例，企业组织隐患排查组，根据排查计划到各部门和各所属单位进行全面的排查，流程及关键点如图2–1所示。排查时必须及时、准确和全面地记录排查情况和发现的问题，并随时与被检查单位的人员做好沟通。

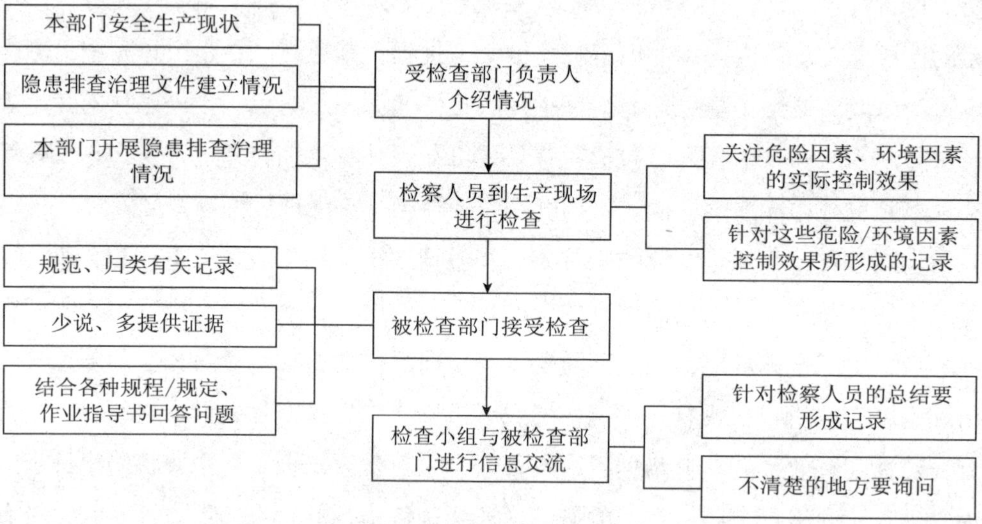

图2–1　事故隐患排查流程及关键点

排查结果的分析总结。一是评价本次隐患排查是否覆盖了计划中的范围和相关隐患类别；二是评价本次隐患排查是否做到了“全面、抽样”的原则，是否做到了重点部门、高风险和重大危险源适当突出的原则；三是确定本次隐患排查发现，包括确定隐患清单、隐患级别以及分析隐患的分布（包括隐患所在单位和地点的分布、种类）等；四是做出本次隐患排查治理工作的结论，填写隐患排查治理标准表格；五是向领导汇报情况。

4）纳入考核和持续改进。为了确保顺利进行隐患排查治理工作，领导必须责成有关部门以考核手段为基本的保障。必须规定上至一把手、下至普通的员工以及所有的检查人员的职责、权利和义务，特别是必须明确规定企业中、高层领导在此项工作中的义务与职责，因为企业的中、高层领导是实施与开展隐患排查治理工作的重要保障力量。

隐患排查治理机制的各个方面都不是一成不变的，也要随着安全生产管理水平的提高而与时俱进，借助安全生产标准化的自评和评审、职业健康安全管理体系的合规性评价、内部审核与认证审核等外力的作用，实现企业在此工作方面的持续改进。另外，隐患排查治理也为整体安全生产管理提供了持续改进的信息资源，通过对隐患排查治理情况的统计、分析，能够为预测预警输入必要的信息，能够为管理的改进提供方向性的资料。

（6）企业隐患治理

对隐患排查所发现的各种隐患进行治理，才能真正解决企业生产经营过程中的问题，降低风险，提高安全管理水平。

1）一般隐患治理。一般隐患分级。一般隐患是指危害和整改难度较小，发现后能够立即整改排除的隐患。为更好地、有针对性地治理在企业生产和管理工作中存在的一般隐患，要对一般隐患进行进一步的细化分级。事故隐患的分级是以隐患的整改、治理和排除的难度及其影响范围为标准的。根据这个分级标准，在企业中通常将隐患分为班组级、车间级、分厂级直至厂（公司）级，其含义是在相应级别的组织（单位）中能够整改、治理和排除。其中的厂（公司）级隐患中的某些隐患如果属于应当全部或者局部停产停业，并经过一定时间整改治理方能排除的隐患，或者因外部因素影响致使企业自身难以排除的隐患，应当列为重大事故隐患。

现场立即整改。有些隐患如明显地违反操作规程和劳动纪律的行为，则属于人的不安全行为式的一般隐患，排查人员一旦发现，应当要求立即整改，并如实记录，以备对此类行为统计分析，确定是否为习惯性或群体性隐患。有些设备设施方面的简单的不安全状态，如安全装置没有启用、现场混乱等物的不安全状态等一般隐患，也可以要求现场立即整改。

限期整改。有些隐患难以做到立即整改的，但也属于一般隐患，则应限期整改。限期整改通常由排查人员或排查主管部门对隐患所属单位发出“隐患整改通知”，内容中需要明确列出隐患情况的排查发现时间和地点、隐患情况的详细描述、隐患发生原因的分析、隐患整改责任的认定、隐患整改负责人、隐患整改的方法和要求、隐患整改完毕的时间要求等。限期整改需要全过程监督管理，除对整改结果进行“闭环”确认外，也要在整改工作实施期间进行监督，以发现和解决可能临时出现的问题，防止拖延。

2）重大隐患治理。针对重大隐患，就需要“量身定做”，为每个重大隐患制订专门的治理方案。由于重大隐患治理的复杂性和较长的周期性，在没有完成治理前，还要有临时性的措施和应急预案。治理完成后还有书面申请以及接受审查等工作。

制订重大事故隐患治理方案。重大事故隐患由生产经营单位主要负责人组织制订并实施事故隐患治理方案。重大事故隐患治理方案应当包括以下内容：①治理的目标和任务；②采取的方法和措施；③经费和物资的落实；④负责治理的机构和人员；⑤治理的时限和要求；⑥安全措施和应急预案。根据相关规定，企业在制订重大事故隐患治理方案时，还必须考虑安全监管监察部门或其他有关部门所下达的“整改指令书”和政府挂牌督办的有关内容的指示，也要将这些指示的要求体现在治理方案里。

重大事故隐患治理过程中的安全防范措施。生产经营单位在事故隐患治理过程中，应当采取相应的安全防范措施，防止事故发生。事故隐患排除前或者排除过程中无法保证安全的，应当从危险区域内撤出操作人员，并疏散可能危及的其他人员，设置警戒标志，暂时停产停业或者停止使用；对暂时难以停产或者停止使用的相关生产储存装置、设施、设备，应当加强维护和保养，防止事故发生。

重大事故隐患的治理过程。企业在重大事故隐患治理过程中，还要随时接受和配合安全监管部门的重点监督检查。如果企业的重大事故隐患属于重点行业领域的安全专项整治的范围，就更应落实相应的整改、治理的主体责任。

重大事故隐患治理情况评估。地方人民政府或者安全监管监察部门及有关部门挂牌督办并责令全部或者局部停产停业治理的重大事故隐患，治理工作结束后，有条件的生产经营单位应当组织本单位的技术人员和专家对重大事故隐患的治理情况进行评估；其他生产经营单位应当委托具备相应资质的安全评价机构对重大事故隐患的治理情况进行评估。这种评估主要针对治理结果的效果进行，确认其措施的合理性和有效性，确认对隐患及其可能导致的事故的预防效果。评估需要有一定条件和资质的技术人员和专家或有相应资质的安全评价机构实施，以保证评估本身的权威性和有效性。

重大事故隐患治理后的工作。重大事故隐患治理后并经过评估，符合安全生产条件的，生产经营单位应当向安全监管监察部门和有关部门提出恢复生产的书面申请，经安全监管监察部门和有关部门审查同意后，方可恢复生产经营。申请报告应当包括治理方案的内容、项目和安全评价机构出具的评价报告等。对挂牌督办并采取全部或者局部停产停业治理的重大事故隐患，安全监管监察部门收到生产经营单位恢复生产的申请报告后，应当在10日内进行现场审查。审查合格的，对事故隐患进行核销，同意恢复生产经营；审查不合格的，依法责令改正或者下达停产整改指令。对整改无望或者生产经营单位拒不执行整改指令的，依法实施行政处罚；不具备安全生产条件的，依法提请县级以上人民政府按照国务院规定的权限予以关闭。

3）隐患治理措施。隐患治理及其方案的核心都是通过具体的治理措施来实现的，这些措施大体上分为工程技术措施和管理措施，再加上对重大隐患需要做的临时性防护和应急措施。

治理措施的基本要求。基本要求主要包括：①能消除或减弱生产过程中产生的危险、有害因素；②处置危险和有害物，并降低到国家规定的限值内；③预防生产装置失灵和操作失误产生的危险、有害因素；④能有效地预防重大事故和职业危害的发生；⑤发生意外事故时，能为遇险人员提供自救和互救条件。

隐患治理的方式方法是多种多样的，因为企业必须考虑成本投入，需要最小代价取得最适当（不一定是最好）的结果。有时候隐患治理很难彻底消除隐患，这就必须在遵守法律法规和标准规范的前提下，将其风险降低到企业可以接受的程度。可以这样说："最好"的方法不一定是最适当的，而最适当的方法一定是"最好"的。

工程技术措施。工程技术措施的实施等级顺序是直接安全技术措施、间接安全技术措施、指示性安全技术措施等；根据等级顺序的要求应遵循的具体原则应按消除、预防、减弱、隔离、连锁、警告的等级顺序选择安全技术措施；应具有针对性、可操作性和经济合理性，并符合国家有关法规、标准和设计规范的规定。

安全管理措施。安全管理措施往往在隐患治理工作中受到忽视，即使有也是老生常谈式的提高安全意识、加强培训教育和加强安全检查等几种。其实管理措施往往能系统性地解决很多普遍和长期存在的隐患，这就需要在实施隐患治理时，主动地和有意识地研究分析隐患产生原因中的管理因素，发现和掌握其管理规律，通过修订有关规章制度和操作规程并贯彻执行来从根本上解决问题。

4）闭环管理。"闭环管理"是现代安全生产管理中的基本要求，对任何一个过程的管理最终都要通过"闭环"才能最后结束。隐患治理工作的收尾工作也是"闭环"管理，要求治理措施完成后，企业主管部门和人员对其结果进行验证和效果评估。验证就是检查措施的实现情况，是否按方案和计划的要求一一落实了；效果评估是对完成的措施是否起到了隐患治理和整改的作用，是彻底解决了问题还是部分的、达到某种可接受程度的解决，是否真正能做到“预防为主”进行的评估。当然不可忽略的还有隐患的治理措施是否会带来或产生新的风险，这也需要特别关注。

（7）企业隐患自报

企业将隐患排查治理的结果自行上报给政府主管部门，将政府部门的监管与企业生产经营的实际联系在一起，是隐患排查治理体系的重要环节，必须给予足够的重视。

1）自报的内容。企业开展隐患排查治理工作，包含了很多内容，有机制的、管理的、技术的、记录的、设备设施的等，自报并不是要求企业将这些内容都上报，而是按规定的内容、方式、时限等要求进行上报。

2）自报的方式。隐患排查治理信息系统中对隐患自报的信息管理做了说明，但企业的类型、规模和管理等方面有着千差万别的情况，所以其所采用的自报方式也不尽相同。

自报的程序。无论企业规模大小还是行业不同或者管理方式有异，其隐患自报的程序大体上是相同的，主要有以下几个步骤：①统计。将各种方式的隐患排查工作所发现的隐患进行汇总、统计和整理，得到隐患清单，形成隐患整改通知，将这些集合为一套完整的材料。②“对接”分类。按隐患排查治理标准的格式，将企业的隐患材料按其顺序分门别类地“对接”入位，每个隐患都给予适当的标识。③审查批准。根据管理层级和权限，由有关领导对隐患上报的内容进行审阅，批准后方能上报。④上报。根据企业实际，采取相应的上报方式，按政府及其部门规定的时间和形式进行上报。

基于信息系统自报。有条件的企业，要将自己的信息管理系统与政府隐患信息管理系统进行接口，定期接通上报网络，按信息管理系统的提示和要求进行填报；大型集团型企业需要在集团内部层层上报下属单位的隐患情况，方式与隐患排查治理标准的格式相同，进行汇总整理后，将整体情况以总结的方式向有关主管部门上报。其下属单位的隐患上报仍按属地监管原则向有关政府部门报送。

小微企业自报。很多小型和微型企业不具备基于信息管理系统上报的条件，可以采用书面上报的形式，因为这些企业存在的隐患数量也比较少，风险不是很高，因此书面上报也是可以接受的。但这会给企业所在地的政府及其部门接收书面隐患上报材料带来巨大的工作量，从北京市顺义区的经验来看，由基层政府组织直接上报更加有效。具体做法是基层安全生产监督管理人员直接到企业中去，收集和书面记录小微企业的隐患情况，形成标准的记录格式，并整理汇总后向上一级管理部门报送。这样既可以减少小微企业的负担，也保证了隐患上报的工作质量。

（8）安全生产形势预测预警

安全生产形势预测预警是指以隐患排查结果和仪器仪表监测检测数据为基础，辨识和提取有效信息，分析其可能产生的后果并予以量化，将有关信息经过综合分析形成直观的、动态的反映企业安全生产现状的安全生产预警指数系统，运用预测理论，建立数学模型，对未来的安全生产趋势进行预测，得出安全生产趋势的发展情况。

1）预测预警的任务。以企业日常隐患排查工作为基础，发现工作场所存在的隐患，并及时纠正，使生产过程中人的不安全行为和物的不安全状态及管理缺陷处于被监测、识别、诊断和干预的监控之下。

通过对隐患排查数据、监测信息的分析，可以确定各种信息可能造成的后果，辨明造成伤亡的严重程度如何，确定是否处于安全状态，其主要任务是应用适宜的识别指标判断可能造成的后果，此对整个预警系统的活动至关重要。将分析得出的不安全因素进行量化，对可能造成的后果进行量化统计分析，加以系数修正，计算得出安全生产预警指数，通过安全生产预警指数走向的升高和降低，直观反映当前安全状况是安全、注意、警告或是危险。

利用以系统分析、信息处理、建模、预测、决策、控制等为主要内容的预测理论，定量计算未来安全生产发展趋势，警示生产过程中将面临的危险程度，提请企业采取有效措施防范事件事故的发生。

根据安全生产预警指数数值大小，对事故征兆（险肇事件）的不良趋势采取不同的措施，进行矫正、预防与控制。

对可能造成损失的事件及时进行整改，分析规律，防范同类事件的发生。

2）预测预警指数系统的建立。这里所说的预测预警指数系统是根据中国安全生产协会的《安全生产预警指数管理系统》的有关内容提出的，供企业参考。

收集数据。安全生产预警的基础是数据的收集，数据来源为两个方面：隐患排查的结果及仪器仪表监测数据。在隐患排查中，不仅要发现物的不安全状态，同时对人的行为也要加以判断，对于好的安全行为要及时表扬并记录在案，仪器仪表监测过程中不正常的数据要进行整理。通过对历史数据、即时数据的整理、分析、储存，建立安全预警数据档案。

分析判断。对收集到的信息、数据进行分析，判断已经发生的异常征兆及可能发生的连锁反应，评价事故征兆可能造成的损失。对分析的结果进行分类统计，形成部门安全预警情况报告，上报企业安全管理部门，汇总分析后，得出当前安全生产预警指数报告。分析判断包括原始数据判断和伤害等级判断。

系数修正。系数修正包括：①报告份数修正。为了消除规定时间内安全预警情况报告数量不同对安全生产预警指数的影响，按每周（月）适合本企业的平均数来修正周（月）伤害统计值。②事故修正。事故的发生会造成安全生产预警指数的升高，另外，每次事故发生后都会对一定时期内的安全生产工作产生影响，因此，系数修正要考虑不同级别事故及事故发生后一段时期内的影响。③隐患整改率修正。隐患整改率的高低直接影响企业安全生产状况，因此，要根据不同的隐患整改率，进行修正。④培训及演练修正。安全教育培训是提高员工安全意识和安全素质，防止产生不安全行为，减少人员失误的重要途径。因此，培训能够降低企业安全风险，降低安全生产预警指数值，不同级别（厂级、车间级和班组级）的培训对员工的影响不同，修正值也不同。

计算。安全生产预警指数的计算是以规定时间段内的各部门安全预警情况报告为基础，进行报告份数、演练、培训、事故、隐患整改率等系数修正，计算得到安全生产预警指数值。包括统计值计算和安全生产预警指数计算。

生成图形。根据预警指数数值，并按照时间顺序，将一段时间内的安全生产预警指数连接后，即构成了安全生产预警指数图，从而直观反映企业整体安全形势。

运用预测理论，对历史安全生产预警指数进行整理、修正后，消除影响因素，建立数学模型，生成安全生产趋势图，直观预测企业安全生产趋势。

第二节　安全检查对策

安全检查是安全管理工作中的一项重要内容，也是防止事故的一种重要手段。安全检查的目的在于发现不安全因素（危险因素）的存在状况，如装置、设备、设施、工具、附件等的潜在不安全因素状况、不安全的场所条件、不安全的作业环境、不安全的作业人员、不安全的操作行为潜在危险，通过安全检查发现问题，及时采取防范措施，防止或减少伤亡事故的发生。安全检查既是一项经常性的工作，也是排查事故隐患的一个手段。

一、安全检查的内容与形式

1. 安全检查的内容

安全检查的内容很多，大致有以下三个方面：

（1）检查企业是否建立健全了安全生产组织和安全生产责任制，是否贯彻“五同时”（即在计划、布置、检查、总结、评比生产工作的同时，计划、布置、检查、总结、评比安全工作）、“三同时”（即在新建、扩建、改建工程项目时，与安全防范保护措施同时设计、同时施工、同时投产验收）；对职工伤亡事故的调查、报告和处理中是否坚持了“四不放过”（即找不出原因不放过、本人和职工群众受不到教育不放过、没有制定整改防范措施不放过、整改措施没有进行效果评价不放过）的原则；企业各项规章制度（如安全培训教育制度、各级岗位责任制、各工种安全操作规程等）是否健全完善、是否严格执行；企业安全技术措施经费有无保证等。

（2）检查企业生产作业现场环境及设备、物质（原材物料）的状态，即查企业作业环境及劳动条件、生产设备及相应的安全防护设施是否符合安全标准的要求。如查各种设备、设施的安全运行和维修情况，查原材料使用及有毒有害气体、蒸汽、粉尘等的防范措施，查电气、锅炉、压力容器、各种工业气瓶的使用状况，查易燃、易爆物料和有毒有害物料的储存、运输和使用情况，查个人防护用品的使用是否符合安全防护标准，以及通风、照明、安全通道、安全出口等作业环境、劳动条件是否符合相关安全防护的标准。

（3）检查企业作业职工是否有不安全行为，如作业职工是否按相关工种的安全操作规程操作，操作时的动作是否符合安全要求等。

从我国近50年来所发生的伤亡事故统计资料来看，由于作业职工违反操作规程、误操作和环境条件、设备、工具、附件、工艺流程有缺陷造成的伤亡事故占事故总数的60%以上。因此，安全检查的重点应放在不安全的物质状态（含机械设备、设施、使用的原材物料等）和人的不安全行为上，找出其不安全因素（危险因素），进行安全防范措施的整改。

2. 安全检查的形式

安全检查的形式可分为日常性安全检查、专业性安全检查、季节性安全检查、节假日前后的安全检查和不定期的特种安全检查。

（1）日常性安全检查。日常性安全检查是指按企业制定的检查制度每天都进行的、贯穿生产过程的安全检查。如生产岗位的班组长和作业职工应严格履行交接班检查和班中巡回检查；非生产岗位的班组长和作业职工应依据岗位特点，在作业前和作业中进行检查；各级领导和各级安全生产管理人员应在各自业务范围内，经常深入作业现场，进行安全检查，发现不安全问题及时督促有关部门解决。

（2）专业性安全检查。对易发生安全事故的特种设备、特殊场所或特殊操作工序，除综合性检查外，还应组织有关专业技术人员、管理人员、操作职工或委托有资格的相关专业技术检查评价单位，进行安全检查。安全检查前应明确检查的重点、方法，如对电气焊、起重机械、运输车辆、锅炉及各种压力容器等设备进行检查时，要有针对性地编制安全检查表，必要时要对某些设备或操作进行长时间的观察，对相关设备运行情况、作业职工操作情况、调试及维修等情况、安全防护措施及个人防护用品使用情况等进行连续检查，以确保其防护功能。发现问题及时纠正，采取相应的防范措施。

（3）季节性安全检查。即根据季节特点对企业安全的影响，由安技部门组织相关人员进行的检查。如春节前后以防火、防爆为主要内容的检查，夏季以防暑降温为主要内容的检查，雨季以防雷、防静电、防触电、防洪、防建筑物倒塌为主要内容的检查，冬季以防寒、保暖为主要内容的检查等。

（4）节假日前后的安全检查。节假日前，要针对职工思想不集中、精力分散，进行提示注意的综合安全检查；节后要进行遵章守纪的检查，防止人的不安全行为造成事故。

（5）不定期的特种安全检查。包括由于新、改、扩建工程的新作业环境条件、新工艺、新设备等可能会带来新的不安全因素（危险因素），在这些设备、设施投产前后的时间内进行的检查；竣工验收检查及工程项目开工前的预先安全检查及检修中、检修后的试运转检查。

3. 安全检查的组织、领导及人员组成

依据安全检查的规模、内容和要求，通常由企业安全管理部门进行安排，并以安全管理部门为主，建立适应检查需要的临时组织。若是全厂性的安全检查，应由主要领导组织安全管理、保卫、工会等有关部门的专业技术人员、有经验的职工参加，并分别组织若干安全检查组，深入现场、基层，依靠广大职工，坚持领导与群众相结合的原则，进行检查。如果不是大规模的，可由企业各级领导，安全管理部门组织的专业技术人员，有经验的作业职工及相关部门参加组成三结合的安全检查。参加检查的人必须是有较高的专业技术知识，又懂安全技术，并有丰富实践经验的工作人员。人员要少而精，防止走过场，要扎实工作，能发现不安全因素的问题所在，能找出原因及提出解决问题的初步意见。

4. 安全检查的准备及实施

为使安全检查达到预期效果，必须做好充分准备，即思想和业务上的准备。思想上的准备，主要是发动群众，开展群众性的自检自查。通过自检自查，尽早发现危险隐患，形成自检自改、边查边改的局面。

安全检查业务上的准备是指：

（1）确定检查目的、步骤、方法，建立检查组织，抽调检查人员，安排检查日程。

（2）针对检查的项目内容，有针对性地学习相关法规、政策、技术、业务知识，提高检查人员的法规、标准和政策水平。

（3）分析过去几年（一般是近5～10年）所发生的各种事故（含无伤害的险肇事故、损失较小的事故）的资料，并根据实际需要准备一些表格、卡片，记载曾发生的事故的次数、部门、类型、伤害性质、伤害程度以及发生事故的主要原因和采取的防护防范措施等，以提示检查人员注意。

（4）准备齐全各项事先拟定的安全检查表，以便逐项检查，做好记录，防止遗漏要检查的项目内容。从实际出发，分清主次，力求检查取得实效，便于对一个单位或部门的安全工作进行评价。

5. 安全检查应注意的事项

（1）将自查与互查有机结合起来。基层以自查为主，行业（或分区、片）互相检查，相互取长补短，相互学习、借鉴。

（2）坚持检查与整改相结合。检查中发现的不安全因素，要根据检查记录进行整理和分析，采取整改措施。应分别情况处理，一时难以整改的，要采取切实有效的防范措施。

（3）制定和建立安全档案。收集基本数据，掌握基本安全情况，实现安全事故隐患及不安全因素源点的动态管理，为及时消除事故隐患（潜在危险因素）

提供数据，同时为以后的安全检查奠定基础。

安全检查是企业（行业）安全管理的一种既简便又行之有效的方法，而安全检查的记录，是对企业安全工作作出评价的依据，是企业对安全工作实行现代化管理的基础资料。

随着现代管理方法的推广和应用，安全检查也逐步朝着科学化、系统化、规范化、程序化的方向发展，并同时与国家安全生产监督管理有机结合。以安全检查表为中心的系统安全检查方法和以计算机为主的新型监控设备的应用，使得对事故的控制、隐患的排除、措施的执行更及时、更有效，安全检查的效果更突出。

二、安全生产检查及检查表的应用

1. 安全检查表的作用

企业的任何生产过程都会伴随一定的不安全因素。为减少生产安全事故的发生，就必须预测可能发生事故的各种不安全因素（危险因素），针对这些不安全因素，制定防范措施。而安全检查及检查所使用的安全检查表，就属于发现不安全因素（危险因素）的手段和工具，是最基础、最简便的识别潜在不安全因素（潜在的危险因素）的方法之一。

实践证明，安全检查的最有效工具是安全检查表。它是为检查某些系统的安全状况而事先制定的问题清单。为了使检查表能全面查出不安全因素，又便于操作，根据安全检查的需要、目的、被检查的对象，可编制多种类型的相对通用的安全检查表，如项目工程设计审查用的安全检查表，项目工程竣工验收用的安全检查表，企业综合安全管理状况的检查表，企业主要危险设备、设施的安全检查表，不同专业类型的检查表，面向车间、工段、岗位不同层次的安全检查表等。制订安全检查表的人员应当是熟悉该系统或该专业的安全技术法规、标准和安全操作规程的工程技术人员、作业职工等。按照安全检查表进行安全检查，可提高检查质量，防止漏掉主要的不安全因素（危险因素）。安全检查表制订、使用、修改、完善的过程，实际是对安全工作不断总结提高的过程。

2. 安全检查表的编制依据

（1）国家、地方的相关安全法规、规定、规程、规范和标准，行业、企业的规章制度、标准及企业安全生产操作规程。

（2）上级、行业和单位（企业）领导对安全生产的要求。

（3）国内外同行业、企业事故统计案例，经验教训。结合本企业的实际情况，有可能导致事故的危险因素。

（4）行业及企业安全生产的经验，特别是本企业安全生产的实践经验，引发事故的各种潜在不安全因素及成功杜绝或减少事故发生的经验。

（5）系统安全分析的结果，即为防止重大事故的发生而采用事故树分析方法，对系统进行分析得出能导致引发事故的各种不安全因素的基本事件，作为防止事故控制点源列入检查表。

3. 编制安全检查表应注意的问题

检查表要力求系统完整，不漏掉任何能引发事故的危险关键因素，因此，编制安全检查表应注意如下问题：

（1）检查表内容要重点突出，简繁适当，有启发性。

（2）各类检查表的项目、内容，应针对不同被检查对象有所侧重，分清各自的职责内容，尽量避免重复。

（3）检查表的每项内容要定义明确，便于操作。

（4）检查表的项目、内容能随工艺的改造、设备的变动、环境的变化和生产异常情况的出现而不断修订、变更和完善。

（5）凡能导致事故的一切不安全因素都应列出，以确保各种不安全因素能及时被发现或消除。

（6）安全检查表应依据其适用范围实施，并经各级领导审批。检查人员检查后应签字，对查出的问题要及时反馈到各相关部门并落实整改措施，做到责任明确。

4. 安全检查表的种类

（1）根据检查的周期不同，可分为定期安全检查表和不定期安全检查表。

（2）根据检查的作用不同，可分为提示（提醒）型安全检查表和规范型安全检查表。

（3）根据检查的对象不同，可分为项目设计审查、竣工验收、专业检查、厂级安全检查、车间安全检查、工段或岗位安全检查等安全检查表。

5. 安全检查表的内容

安全检查表的内容决定其应用的针对性和效果。安全检查表必须包括系统的全部主要检查部位，不能忽略主要的、潜在的不安全因素，应从检查部位中引申和发掘与之有关的其他潜在危险因素。每项检查要点，要定义明确，便于操作。安全检查表的格式内容应包括：分类、项目、检查要点、检查情况及处理、检查日期及检查者等。通常情况下检查项目内容及检查要点要用提问方式列出。检查情况用“是”“否”或者用“√”“×”表示。

安全检查表项目大致可分以下几类：

（1）设计审查用安全检查表。这种检查表主要用于设计人员和安全监察人员及安全评价人员在设计审核时，对企业生产性建设和技改工程项目进行设计审核时使用。它也可作为“三同时”的安全预评价审核的依据。其主要内容应包括：平面布置；装置、设备、设施工艺流程的安全性；机械设备设施的可靠性；主要安全装置与设备设施布置及操作的安全性；消防设施与消防器材；防尘防毒设施、措施的安全性；危险物质的储存、运输、使用；通风、照明、安全通道等方面。这些内容，要求系统、全面、明了，符合安全防护措施规范和标准，并按一定格式的要求列成表格。

（2）企业（厂级）安全检查表。这种检查表主要用于全厂性安全检查和安全生产动态的检查，为安全监察部门进行日常安全检查和24小时安全巡回检查时使用。其主要内容包括：各生产设备设施装置装备的安全可靠性，各个系统的重点不安全部位和不安全点（源）；主要安全设备、装置与设施的灵敏性、可靠性；危险物质的储存与使用；消防和防护设施的完整可靠性；作业职工操作管理及遵章守纪等。检查要突出重点部位的危险因素源点及影响大的不安全状态和不安全行为，按一定格式要求列成表格。

（3）各专业性安全检查表。这种检查表主要用于专业性的安全检查或特种设备的安全检验。如防火防爆、防尘防毒、防冻防凝、防暑降温、压力容器、锅炉、工业气瓶、配电装置、起重设备、机动车辆、电气焊等。检查表的内容应符合专业安全技术防护措施要求。如设备结构的安全性、设备安装的安全性、设备运行的安全性及运行参数指标的安全性、安全附件和报警信号装置的安全可靠性、安全操作的主要要求及特种作业人员的安全技术考核等。按一定格式要求列成表格。

6. 安全检查表应用中应注意的问题

为了取得预期目的，应用安全检查表时，应注意以下几个问题：

（1）各类安全检查表都有适用对象，不宜通用。如专业检查表与日常定期检查表要有区别。专业检查表应详细、突出专业设备安全参数的定量界限，而日常检查表尤其是岗位检查表应简明扼要，突出关键和重点部位。

（2）应用安全检查表实施检查时，应落实安全检查人员。企业厂级日常安全检查，可由安技部门现场人员和安全监督巡检人员会同有关部门联合进行。车间的安全检查，可由车间主任或指定车间安全员检查。岗位安全检查一般指定专人进行。检查后应签字并提出处理意见备查。

（3）为保证检查的有效和定期实施，应将检查表列入相关安全检查管理制度，或制定安全检查表的实施办法。如把安全检查表同巡回检查制度结合起来，列入安全例会制度、定期检查工作制度或班组交接班制度中。

（4）应用安全检查表检查，必须注意信息的反馈及整改。对查出的问题，凡是检查者当时能督促整改和解决的应立即解决；当时不能整改和解决的应进行反馈登记、汇总分析，由有关部门列入计划安排解决。

（5）应用安全检查表检查，必须按编制的内容，逐项目、逐内容、逐点检查。有问必答，有点必检，按规定的符号填写清楚，为系统分析及安全评价提供可靠准确的依据。

三、安全检查需要注意的问题

1. 影响安全检查效果的主要原因

安全检查是安全管理中最常用的管理手段之一，在许多企业，大大小小的安全检查不计其数，但是许多安全检查的效果并不理想，经过检查之后，依然存在这样或那样的事故隐患，为什么会出现这样的情况呢？主要有如下一些原因：

（1）检查人员的责任心不强。检查人员如果没有责任心，将会直接影响安全检查的效果。有的安全检查人员在检查中，只是走过场，摆形式，并不能真正本着对职工生命负责、对企业的财产安全负责的态度去认真检查存在的隐患，而是走马观花，对问题视而不见。

（2）检查人员专业组成情况不合理。有一些安全检查，由于没有配备专门安全检查机构的安检人员，而是临时从各生产企业抽调人员组成，而这些临时组成的安检队伍所学专业各不相同，对不是自己从事行业的情况自然不是很熟悉。在安检过程中，面对陌生行业，纵然他们都有着火眼金睛，无奈隔行如隔山，真正检查起来也只能是雾里看花，人云亦云，说不到点子上，难以发现问题的症结所在。

（3）安全检查的计划性欠缺。在企业，一般的安全检查都是有计划的安全检查，上级机构或管理部门在前来检查之前的半个月或一个月，就早早地给检查对象发去了通知，告知检查的内容和重点；被检查单位接到通知后，往往都要做好充分的准备，该整改的整改该打扫的打扫。对一些规范的生产企业来说，接到通知后至少也要开展自查自纠的检查，把明显的隐患扫除。而对于那些不规范的生产企业来说，这样的安全检查就等于事前通知生产单位把生产现场粉饰好，检查人员要看的资料都准备好，再把环境卫生打扫好，心安理得地迎接检查团的光临。等检查一结束，检查人员前脚刚走，生产单位后脚就恢复原样。这样的检查效果自然不理想。

2. 提高安全检查效果的方法与措施

要提高安全检查效果，在安全检查的方法与措施方面要予以改进，改进的方法和措施主要有：

（1）构建优质的安全从业人员队伍。从事安全工作的人员要由素质过硬、敢抓敢管、责任心强的人员组成，在安全检查工作中，真正地把安全生产摆在第一的位置上，把追求经济效益摆在第二的位置上，明白没有安全就没有一切，更遑论经济效益的道理。在这种环境下开展的安全检查，才是真正的没有顾虑的安全检查。

（2）针对检查对象配置专业人员。在开展的每一次安全检查中，要配备专业对口的安检人员，使每一个安检人员都是该行业行家，这样隐患自然逃不过他们的眼光，尤其是现在的安全事故呈现出复杂性、多样性的特点，跟高科技密切相关。这就要求安检人员要有很高的素质，超前的眼光，熟练运用各种现代工具的能力，综合分析与判断的能力等，才能在检查中发现问题、解决问题。

（3）采取不定时检查方法。目前许多安全检查有如例行公事一样，发个文件，通知生产经营单位，检查组无非是按既定的时间、路线等，到事先通知好的几家生产经营单位走走，一年就是在类似“今冬明春”“春季”“夏季”“夏秋”“冬季安全防火”这样系列化的安全检查中周而复始。在这些典型的季节中开展大型安全检查是很有必要的，但由于事先通知被查单位，所以也出现了一些弊端，存在着弄虚作假的现象。而采取不定时检查方法，能够在正常的状态下，消除弄虚作假的现象，及时发现隐患，这对于企业以及车间、班组都是有益的。

（4）推进科学的安全检查。传统的检查方法中存在诸多不足之处，那就是传统的安全检查中缺乏系统、科学的检查内容和方法，检查项目不全面，检查方法不科学，检查标准不明确，所以容易流于形式。甚至于一些安全检查是在没有任何准备的情况下进行的，所以难免使一些检查变成“走一圈”，花大量的成本而又无功而返。在安全管理方法不断科学化的今天，对安全检查这种老办法也应注入新的内容，使之科学合理，操作性强，从而发挥更好的作用。科学的安全检查，要求对生产系统进行科学分析，找出可能发生事故的全部基本事件，同时规定检查方法，明确责任人等。传统的安全检查，如果能够在检查过程中进行更科学合理的安排，就能在更大程度上避免危险因素的遗漏，使检查不流于形式。

安全检查作为安全管理的重要手段之一，如果都能发挥它应有的作用，真正成为“纠察”不安全因素的有力武器，那么，不安全因素一定会大大减少，安全事故就会离我们越来越远。

第三节 安全技术对策

科学的发展、技术的进步，极大地改善了人类生存环境，满足了人类对生存的各种需要。但是，在工业生产的过程中，正常的生产秩序会被突如其来的各种危险事故扰乱，使危险范围内人员的健康和生命受到威胁，并有可能造成经济上的损失。这样就迫使人们在发展科学技术的同时，为了保障生产作业人员的安全与健康，而采取有效的技术措施去消除危险或控制危险的发生，为生产作业人员提高安全保障。

一、对工业危险的认识与控制

1. 工业危险的来源

危险是指可能导致事故的状态，是发生事故的先决条件。这种状态有环境状态、物质状态和人员活动状态以及它们的组合。重要的是不要把危险看作是一定会导致人员伤害或设备损坏的状态，因为可通过对产品结构的设计和制定操作规程等方法，来消除和控制这些危险状态。仅对物体讲，不涉及对人和人所需环境的危害，属于“可靠性技术”。安全与否是对人讲的，是要尽最大的努力创造条件，以保障在生产（包括生活及生存空间）过程中人的健康、舒适和高效能活动为目的的。创造这些“安全保障”就是“安全性技术”。所以，每一个安全工程师必须认真研究产品设计和产品使用过程中对人可能造成危险的各种因素。

危险的主要来源是产品的生产环境、产品本身和使用产品的人。

（1）生产空间（环境）的危险。生产空间是人们进行生产劳动的工作场所。生产空间环境质量的优劣是消除和控制危险的重要标志。生产空间的分布设置、光照、温度、设备的振动和噪声，毒物和粉尘的污染，以及各种辐射等危险的存在，都会直接影响正常的生产秩序，并且威胁生产空间内人员的健康和生命。即使从开始的计划阶段起，就使生产空间的布局合理、设计优良、措施适当，但危险（如振动、噪声、毒物、粉尘、辐射等）依然存在着。

（2）产品本身所存在的危险。产品在出厂前，必须经过检验部门的认真检验，证明该产品完全符合在设计时提出的安全目标和质量标准，这样才能签发“合格”证书，准予交给使用者使用。但是这样一个“合格”的产品，它并不代表该产品已没有危险状态存在，只是根据安全目标把危险控制在一定的范围之内罢了。这样就使得产品说明书上多了一项重要的内容——“操作规程”或“使用注意事项”。这项内容的提出就是向使用者发出告警：虽然潜在的危险状态被有效地控制住了，该产品“合格”出厂，不会造成人身伤害；但如果使用不当，不按照说明书去进行操作，那么原来对危险状态的控制可能会失效，于是潜在的危险状态就会被“激发”，造成对人的伤害或设备、设施的损坏。

（3）人为差错造成的危险。国内外大量的统计分析资料表明，在劳动生产的过程中80%以上的事故是由于人为差错所造成的。由于人为的错误知觉和判断，信息的错误记忆和误判，人自身的应急能力和反应速度，冒险心理、心理异常等心理因素和生理素质的个体缺陷，以及外界环境条件或状态干扰因素之类的诱发效应，会造成人为的差错，使已知的危险因素恶化，最终造成事故的发生。此外，产生人为差错的原因还有监护失误、指挥失误和违章指挥等危险因素。

2. 工业危险的分类

为了准确地鉴别和评价危险，可以把危险因素分为物理现象、化学现象、结构设计和人为差错四大类。对各类危险因素的精细划分是为了更好地认识和研究这些危险成因，设计出合格的产品和完美和谐的工作环境，使这些危险因素不能演变成为危害来威胁作业场所内人员的生命和身体健康。现将诸种危险因素分类如下：

（1）物理现象类危险。包括：热学危险、压力危险、加速度危险、振动危险、噪声危险、辐射危险等。

（2）化学现象类危险。包括：毒性危险、污染危险、化学反应危险、火危险、爆炸危险等。

（3）结构设计类危险。包括：材料变质危险、电气危险、机械危险等。

（4）人为差错类危险。包括：生理与心理性危险、行为性危险等。

以上分类只是为了便于辨识危险。在产品的设计、试验、生产、使用的实际过程中，事故的发生往往是多种危险的综合作用，而且还可能相互转化。

3. 对工业危险的鉴别和评价

为了鉴别和评价危险，在安全管理中需要考虑下列各项：

（1）危险的组分。例如：燃料、激光、爆炸物、毒物、危险的结构材料、压力系统和其他能源。

（2）产品各系统各部分之间与安全有关的接口。例如：材料兼容性、电磁干扰、无意的启动、着火、爆炸的开始和扩展、软硬件控制。

（3）环境约束条件，包括使用环境。例如：坠落、冲击、振动、极端温度、噪声、接触毒物、健康危险、着火、静电、雷击、电磁环境影响、电离和非电离辐射。

（4）使用、试验、维修与应急程序。例如：人机工程、操作者功能、人为差错分析、设备布局、照明要求、接触毒物可能性、噪声或辐射因素对人的行为的影响，生命保障要求及其在载人系统、坠毁安全性、应急出口、营救、求生和抢救中的安全关系。

（5）设施、保障设备。例如：可能包含毒物、可燃物、爆炸物、腐蚀性或深冷液体部件的储存、组装、检验、试验用装置，辐射或噪声、发射器、电源。还要考虑人员的训练，如有关安全使用与维修的培训。

（6）与安全有关设备、安全措施和可能的备选方法。例如：连锁、系统余度、软硬件故障安全考虑、分系统防护、灭火系统、人员防护设备、工业通风和噪声或辐射载体。

完全的风险评估要求确定危险的严重性和发生概率（可能性）。如在产品设计开始前做危险分析，则正常只需要确定危险的严重性（因为如果有可能，就用设计来消除危险）。如果设计不能消除危险，则有关严重性和可能性的信息都需要，以建立控制或尽量减少危险的工作优先顺序。

4. 危险严重程度分类

危险严重程度的含义是，按最后可能导致人员伤害、职业病，资产损失或设备、设施损坏的程度，对最坏后果的定性评估。

根据危险可能会对人员、设备、设施及环境造成的伤害和损失，一般将其严重程度划分为四个等级：

第一级（1类）：灾难性的。由于人为差错、设计误差、设备缺陷等导致系统性能严重降低，进而造成整个系统损失或造成人员死亡或严重伤害。

第二级（2类）：危险的。由于人为差错、设备缺陷或设备故障，造成人员伤害或严重的设备破坏，需要立即采取措施来控制。

第三级（3类）：临界的。由于人为差错、设备缺陷或设备故障使系统性能降低，或设备出现故障，但能控制住严重危险的产生，或者说还没有产生有效的破坏。

第四级（4类）：安全的。即使出现人为差错、设备缺陷、设备故障，也不会导致人员伤害和设备损坏。

危险严重性等级给出可能由人为差错、环境条件、设计缺陷、程序缺陷或产品信息系统、分系统部件故障所引起的可信的最严重事故的定性尺度，这些严重性等级提供了对设计各类产品的一般性指导。

二、危险因素消除与控制措施

1. 危险因素消除与控制的主要措施

消除与控制危险的主要手段是采取工程技术措施和管理措施。

（1）工程技术措施。工程技术措施涉及整个产品设计阶段。要求设计和安全工程师严格地贯彻和执行劳动法规、劳动安全标准和安全设计准则，采用先进的安全防护、隔离、连锁、紧急停止和制动、告警报警等装置，合理地选用原材料，以及编写储运、安装布置、维修等注意事项的说明书。

产品设计的优化与否，直接影响着危险的消除和控制。产品设计如果有缺陷，就会妨碍对已知危险恰当的控制。随着设计的产品变得更加复杂，就是非常优秀的设计工程师有时也会出现纰漏，设计出有缺陷的产品。安全工程师就是防止这一疏忽的保障。通过安全工程师对整个设计的审慎分析，运用系统安全学科的理论和方法，尽可能准确地鉴别产品中危险因素的原因，并估计其影响，提出最有效的消除和控制危险的办法。由于对产品进行了系统安全性分析，设计工程师就能及时获得安全工程师对产品中危险消除和控制的建议和解决办法，从而更改设计，把危险消除在产品的设计阶段，提高产品的安全性。

（2）管理措施。管理措施则要求安全工程师通过应用安全管理技术，结合实际工作环境，制定出行之有效的安全规范、职责、规程、工作指导书等制度和细则，用以加强安全管理。并且还要监督和指导这些法规、制度、细则的贯彻执行。

2. *危险因素消除与控制的基本原则*

安全技术可以划分为预防事故发生的安全技术及防止或减轻事故损失的安全技术，这是事故预防和应急措施在技术上的保证。评价一个设计、设备、工艺过程是否安全，可从以下几个方面加以考虑。

（1）防止人失误的能力。必须能够防止在装配、安装、操作或检修过程中发生的可能导致严重后果的人的失误。如单相电源插头，规定火线、零线、地线的分布呈等腰三角形而非正三角形，还规定三线各自的位置，这样就可以避免因插错位置而造成的事故；否则，如果简单地设计成正三角形，即使经过严格培训，也不可避免因人的失误而插错的可能性。

（2）对人失误后果的控制能力。人的失误是不可能完全避免的，因此一旦人发生可能导致事故的失误时，应能控制或限制有关部件或元件的运行，保证安全。如触电保安器就是在人失误触电后防止对人造成伤害的一种技术措施。

（3）防止故障传递的能力。应能防止一个部件或元件的故障引起其他部件或元件的故障，以避免事故的发生。如电气线路中的熔丝，压力锅上的易熔塞。后者在限压阀发生故障或堵塞时，自动熔开以释放压力，避免因压力超高引发锅体爆炸；前者也是以熔断的方式防止过载电流对其他设备的损害。

（4）失误或故障导致事故的难易。应能保证只有在两个或两个以上相互独立的失误或故障，或一个失误、一个故障同时发生才会导致事故发生。对安全水平要求较高的系统，则应通过技术手段保证至少3个或更多的失误或故障同时发生才会导致事故的发生。常用的并联冗余系统就可以达到这个目的。

（5）承受能量释放的能力。运行过程中偶然可能会产生高于正常水平的能量释放，应采取措施，使系统能够承受这种释放。如加大系统的安全系数就是其中的一种方法。

（6）防止能量蓄积的能力。能量蓄积的结果将导致意外的、过量的能量释放，因而应采取防止能量蓄积的措施，使能量不能积聚到发生事故水平。如矿井通风就可以防止瓦斯积聚到爆炸水平，避免事故发生。

3. 消除危险和有害因素的主要方式

针对设备、环境中的各种危险和有害因素的特点，综合归纳各种消除、预防对策措施，就可得出消除与预防设备、环境危险以及有害因素的基本原则和方式。

（1）消除。从根本上消除危险和有害因素。其手段就是实现本质安全，这是预防事故的最优选择。

（2）减弱。当危险、有害因素无法根除时，则采取措施使之降低到人们可接受的水平。如依靠个体防护降低吸入尘毒的数量，以低毒物质代替高毒物质等。

（3）屏蔽和隔离。当根除和减弱均无法做到时，则对危险、有害因素加以屏蔽和隔离，使之无法对人造成伤害或危害。如安全罩、防护屏等。

（4）设置薄弱环节。利用薄弱元件，使危险因素达到危险值之前就预先破坏，以防止重大破坏性事故。如熔丝、安全阀、爆破片等。

（5）连锁。以某种方法使一些元件相互制约以保证机器在违章操作时不能启动，或处在危险状态时自动停止。如起重机械的超载限制器和行程开关。

（6）防止接近。使人不能落入危险或有害因素作用的地带，或防止危险或有害因素进入人的操作地带。如安全栅栏、冲压设备的双手按钮等。

（7）加强。提高结构的强度，以防止由于结构破坏而导致发生事故。

（8）时间防护。使人处在危险或有害因素作用的环境中的时间缩短到安全限度之内，如对重体力劳动和严重有毒有害作业，实行缩短工时制度。

（9）距离防护。增加危险或有害因素与人之间的距离以减轻、消除它们对人体的作用。如对放射、辐射、噪声的距离防护等。

（10）取代操作人员。对于存在严重危险或有害因素的场所，用机器人或运用自动控制技术来取代操作人员进行操作。

（11）传递警告和禁止信息。运用组织手段或技术信息告诫操作人员避开危险或危害，或禁止操作人员进入危险或有害区域。如向操作人员发布安全指令，设置声、光安全标志、信号等。

这些原则和方式可以单独采用，也可综合应用。如在增加结构强度的同时，设置薄弱环节；在减弱有害因素的同时，增加人与有害因素的距离等。

4. 避免或减少事故损失的安全技术措施

只要有危险存在，尽管可能性很小，但总存在导致事故的可能性，而且没有任何办法精确地确定事故发生的时间。另外，事故发生后如果没有相应的措施迅速控制局面，则事故的规模和损失可能会进一步扩大，甚至引起二次事故，造成更大、更严重后果。因此，必须采取相应的应急措施，避免或减少事故损失，至少能保证或拯救人的生命。这类措施在技术上包括隔离、个体防护、逃逸、救生和营救措施等。

（1）隔离措施。隔离措施是一种应用广泛的事故预防方法，除此之外，隔离还经常用于减少因事故中能量剧烈释放而造成的损失。隔离技术在避免或减少事故损失方面的应用有距离隔离、偏向装置、封闭等。

1）距离隔离。这是一种常用的对爆炸性物质的物理隔离方法。即把可能发生事故、释放出大量能量或危险物质的工艺、设备或设施布置在远离人群或被保护物的地方。例如，把爆破材料的加工制造和储存等安排在远离居民区和建筑物的地方；爆破材料之间保持一定距离等。

2）偏向装置。隔离也可以通过偏向装置来实现。其主要目的是把大部分剧烈释放的能量导引到损失最小的方向。如在爆炸物质与人和关键设备之间设置坚实的屏障，并用轻质材料构筑厂房顶部。当爆炸发生时，防护墙承受一部分能量，而其余能量则偏转向上，使损失减小。

3）封闭。利用封闭措施可以控制事故造成的危险局面，限制事故的影响。包括：①控制事故的蔓延。如利用防火带可以限制森林火灾的蔓延，在储藏有毒或易燃、易爆液体的容器周围设置排泄设施可防止溢出物的扩散。②限制事故的影响。如防火卷帘把火灾限制在某一区域之内，盘山路转弯处的栏杆可以减少车辆失控时跌入山谷的可能性。③为人员提供保护。如在一些系统中设置“安全区”，以保证人员在该区域的安全。矿井里的避难硐室就是一个例子。④对材料、物资和设备予以保护。如金属容器都可以减小环境对容器内物质的损害；飞机上的飞行数据记录仪（俗称“黑匣子”），其外壳既耐冲击（1 000个磨力加速度），又耐高温（1 100℃的高温火焰燃烧30分钟）、耐潮湿（在海水中长期浸泡）、耐腐蚀，使飞机失事后为事故调查保存足够的资料。

（2）个体防护。在对所发生的事故没有较好的技术控制措施或采用的措施仍不能完全保证人的生命安全的情况下，个体防护不失为一种好的解决方案。它向使用者提供有限的可控环境，将人与危险分隔开。个体防护装备应用范围很广，包括从简单的防噪声耳塞到带有生命保障设备的宇航服，但其应用方式主要有以下三种情况。

1）必须进行的危险性作业。由于危险因素不能根除，又必须进行相关作业，采用个体防护的方法可以起到防止特定的危险对人员伤害的作用。这时采用的个体防护装备的针对性非常强，如焊接作业的护目墨镜，存在有毒有害气体的环境中工作时戴的防毒面具等。但必须指出的是，在条件可行的情况下，不应以个体防护代替根除或控制危险因素的设计或安全规程。例如，在采取了通风措施，排除了有毒、有害气体或降低其浓度于危险水平以下的条件下，操作人员就没有必要使用防毒面具。

2）进入危险区域。为调查研究或因其他原因进入极有可能存在危险的区域或环境时，也应佩戴相应的个体防护装备。如在火灾后进入现场调查或搜寻，应佩戴防毒装置等，但有时该区域的危险不十分明确，因此为达到防护的目的，此类个体防护设备需要考虑对多种潜在危险的防护问题。

3）紧急状态下。对紧急状态使用的个体防护器具，由于事故或事件发生非常突然，因而开始的几分钟就成为是控制危险还是造成灾难、是保证安全还是受到伤害的关键。这时个体防护装备也起着至关重要的作用。一般来说，对紧急状态下使用的个体防护装备，在设计、使用功能等方面都有严格的要求。

（3）能量缓冲装置。通过能量缓冲装置在事故发生后吸收部分能量，也可以保护有关人员和设备的安全。例如，工人戴的安全帽、汽车中的安全带等都可以吸收冲击能量，防止或减轻伤害。

（4）薄弱环节。薄弱环节指的是系统中人为设置的容易出故障的部分。其作用是使系统中积蓄的能量通过薄弱环节得到部分释放，以小的代价避免严重事故的发生，达到保护人和设备的目的。常用的薄弱环节有：电薄弱环节，如电路中的熔丝在电路产生过载电流时熔断，从而使电路切断，达到保护其他用电设备的目的；热薄弱环节，如压力锅上的易熔塞由易熔材料构成，当压力超过限位时，易熔塞熔化，蒸汽从其中排出，达到减小压力，避免超压爆炸的目的；机械薄弱环节，如压力灭火器的安全隔膜，当灭火器由于过热而使压力过大，则隔膜会因超压而破裂，使灭火器的内部压力保持在规定限度内；结构薄弱环节，如主动联轴节中的剪切销，当持续过载会损坏传动设备或从动设备时，剪切销会先切断，以保证设备的安全。

（5）逃逸、避难与营救。当事故发生到不可控制的程度时，则应采取措施逃离事故影响区域，采取避难等自我保护措施和为救援创造可行的条件。这时，人们往往要依赖于逃逸、避难或营救措施，以获得继续生存的条件。

选取减少事故损失安全技术的优先次序为：隔离和屏蔽；接受小的损失；个体防护；避难和救生设备；营救。

三、预防事故的应对措施

1. 合理设计机器的安全防护装置

配备机器安全保护装置是确保机器本质安全，防止事故发生的重要措施。对于人机系统而言，从预防人的不安全行为的角度出发，必须进行操作安全设计。

操作安全设计主要包括按人机工程学原理设计和配置显示及控制装置，也就是从人体角度考虑足够的进出通道的横向纵向尺寸、设备的最佳操作区域和净距，充分考虑采取站立、坐、跪、卧等姿势操作或控制时的适宜安装高度、角度等，以及使用各种工器具时的安全空间及防护措施，进而使显示、控制装置的设计满足易看、易听、易判断、易操作的要求。例如需要手动操作的阀门，一般安装在肘部左右以方便用力；需要读数的表盘安装在眼部的高度；对于并排布置的阀组，在每个阀门及管道上设置明确标识，以防紧急情况下误操作；对于紧急控制器（如紧急停机按钮等），应设置在人手易于抓到而且能快速操作的位置；同时还应有完善的反馈用仪表和情报传输装置，以反映操作者的技术能力；为防止误判断、误操作，有些机器设备还需设置报警和故障保险、内部连锁装置。合理设计安全防护装置的目的是排除作业中客观存在的危险，避免诱发人的不安全行为因素的消极互动而导致事故的发生。

2. 创造良好的作业环境

作业环境是指在劳动生产过程中的大自然环境和因生产过程的需要而建立起来的人工环境。这里所谈的创造良好的作业环境是指为生产需要而建立的人工环境。创造一种令人舒适而又有利于工作的环境条件是必要的。在生产实践中，由于技术、经济等条件的限制，创造舒适作业环境条件有时难以得到保证。在这种情况下，应创造一个允许的环境，保证在不危害人身健康和不受到伤害的范围之内，同时要有其他辅助措施（如监测手段、使用个人防护用品等）避免诱发不安全行为。如对于因噪声引起的人为差错，主要应对噪声采取控制措施。确定噪声控制措施时，首先是从声源上根治噪声。如果技术上不可能或经济条件所限，则应从噪声传播途径上采取控制措施（如利用吸声、隔声、减振、隔振降噪），若仍达不到要求时，则应在接受点采取个人佩戴耳塞、耳罩等防护措施。对于因振动引起的人为差错，主要应从机器设备的设计、制造、安装、使用中分别采取隔振、吸振、阻尼等措施消除或减小振动，阻止振动的传播。对于有生产性粉尘和有毒作业场所，应采用防尘、防毒、尘毒治理措施，使作业环境空气中的粉尘、毒物浓度符合国家卫生标准的要求；如果有些作业场所空气中粉尘、毒物浓度仍达不到安全要求，则在接受点应采取佩戴个人防护用品加以防护。对于高温作业场所，应采取自然通风或机械通风方式，有条件的应安装空调器，进行温度调节。对于作业环境的采光照明问题，机器设备的安装位置和方向应有利于操作、观察、测量岗位的自然采光；当采用人工照明时，应确保作业岗位照明的平均照度和照度均匀度符合国家标准。对于作业场所空间、地面等的安全要求，主要应注意这样一些问题，如对车间设备、设施布局的安全要求，作业地面应平整、清洁、无油污、积水；原材料、成品、半成品的堆放不应影响操作空间、机器运转和车间通道；工位器具、用具、工件应摆放在规定位置并平稳可靠，无滑落、倾倒的可能。总之，需要从作业环境的细节入手，排除产生不安全行为的不良环境因素。

3. 人为差错原因及预防措施

常见的人为差错原因主要有：操作者注意力不集中，违反安全操作规程，未按规定使用劳动防护用品，没有注意一些重要的显示，如操作控制不精确，使用控制装置的错误或以不正确的顺序接通控制装置，仪表读表中的错误，仪表因故障不可靠等等。对于上述一些人为差错原因，可以根据人机工程学原理采取相应的对策措施加以克服和消除。对于操作者注意力不集中的问题，可在机器设备重要的位置上安装引起注意的装置，在各工序之间消除多余的间歇，并应提供不分散注意力的作业环境。对于违反安全操作规程的问题，应对有关人员进行全面深入的安全教育培训，使操作者意识到生产过程的危险并自觉遵守避免危险的程序；应把安全技术培训纳入整个技术培训计划之中，使操作者熟练掌握本岗位安全操作技术，并能严格遵守安全操作规程；对操作难度大而复杂的工种，应建立稳定有效的安全操作行为模式，注意操作者的操作动作，并给予及时纠正和指导。为了提醒操作者注意一些重要的显示，可采用声、光报警或鲜明对比手段吸引操作者对重要显示的注意。对于使用控制装置的错误问题，对控制装置关键的操作顺序应提供连锁装置，并将控制装置按其用途以一定的顺序配置。对于仪表读数中的错误，应注意消除视觉误差，移动读表人的身体位置，避免不合理的仪表安装位置或更换不合理的仪表。为了确保仪表的可靠准确，应使用经定期试验和调试校准过的仪表。也就是说，可通过改善作业内容、合理调节作业速度、减少过长的精力集中时间、合理安排作业与休息、改善不合理的工作位置和姿势、提供舒适的工作环境等一系列措施，来减少操作者的不安全行为。

4. 加强安全教育和安全管理

安全生产的实践说明提高人的素质是非常重要的，因为一切生产活动都是通过人来实现的。人的素质包括技术素质、文化素质、安全素质、职业道德、工作责任心、工作态度和身体素质等。为了提高人的素质，就必须进行教育，包括基础文化教育、安全教育、道德教育和专业技术教育，提高人的素质可以提高人在工作中的可靠性。安全管理工作主要任务有宣传、执行安全生产方针、政策、法规和规章，并监督相关部门安全职责的落实情况，审查安全操作规程并对执行情况进行检查，参与干部、职工的安全教育与培训等工作。可见，安全管理工作同样对预防不安全行为具有重要的主导作用。

第三章　化工生产现场安全

第一节　化工安全

一、安全生产规章制度、安全管理台账

1. 单位负责人应当根据本单位的安全生产状况组织制定本单位安全投入保障制度，做出安全投入的长远规划和年度计划；要设立专门账户和台账，专款专用，不得擅自、随意挪用安全投入资金；要定期了解、检查安全投入资金的使用情况。在使用安全投入资金的安全技术措施或安全设备的更新等项目完成后，要组织进行验收，确保资金的有效使用。

2. 企业应明确以下安全生产管理机构和职能部门及相关人员的安全职责：

（1）决策机构。

（2）安委会或领导小组。

（3）安全生产管理机构。

（4）机械、动力、设备部门。

（5）生产、技术、计划、调度、质量、计量部门。

（6）消防、保卫部门。

（7）职业卫生、环保部门。

（8）供销、运输部门。

（9）基建（工程）部门。

（10）劳动人事、教育部门。

（11）财务部门。

（12）工会部门。

（13）科研、设计、规划部门。

（14）行政、后勤部门。

（15）其他有关部门。

3. 企业应制订健全的安全生产规章制度，并发放到有关的工作岗位。至少包括：

（1）安全生产责任制度。

（2）安全培训教育制度。

（3）安全检查和隐患整改管理制度。

（4）安全检查维修管理制度。

（5）安全作业管理制度。

（6）危险化学品安全管理制度。

（7）生产设施安全管理制度。

（8）安全投入保障制度。

（9）劳动防护用品（具）和保健品发放管理制度。

（10）事故管理制度。

（11）职业卫生管理制度。

（12）仓库、罐区安全管理制度。

（13）安全生产会议管理制度。

（14）剧毒化学品安全管理制度。

（15）安全生产奖惩管理制度。

（16）防火、防爆、防尘、防毒管理制度。

（17）消防管理制度。

（18）禁火、禁烟管理制度。

（19）特种作业人员管理制度。

（20）风险评价程序或指导书。

（21）重大危险源管理制度。

（22）识别和获取使用的安全生产法律法规标准及其他要求的管理制度。

（23）监视和测量设备管理制度。

（24）关键装置、重点部位安全管理制度。

（25）生产设施安全拆除和报废管理制度。

（26）危险化学品储存出入库管理制度。

（27）危险化学品运输、装卸安全管理制度。

（28）承包商管理制度。

（29）供应商管理制度。

（30）变更管理制度。厂址的改变、工艺的改变、设备的改变、产品的改变、安装位置的改变、管道走向的改变，甚至阀门、法兰形式的改变等，要按照一定的程序进行变更，要有制度保证。应当重新进行安全审查的还要进行安全审查，需要重新做安全评价的还要做评价，需要由设计单位出具变更文件的由设计单位出具等。

（31）生产作业场所危害因素检测制度。

（32）绩效考核制度。

4．生产设施安全管理制度

（1）设备的定期检查和考核，设备缺陷和隐患的消除，生产装置的开停车管理，设备停修吹扫方案，压力容器和工业管道的运行维护管理。

（2）机、泵设备管理；设备防腐蚀管理；设备、设施保温/保冷管理；起重设备的管理。

（3）电气设备的管理。

（4）通信工具及设施的管理；运输工具/设施的管理。

（5）安全连锁装置的管理。

5．应有齐全的安全生产台账，安全台账明确责任人。主要包括以下方面：

（1）安全设施检修保养台账。

（2）日常安全教育台账。

（3）外来人员进入现场前培训教育台账。

（4）员工换岗、离岗安全培训教育台账。

（5）从业人员年度培训教育台账。

（6）安全设施登记台账。

（7）重大风险及控制措施台账。

（8）工作危害分析记录台账。

（9）个体防护用品发放台账。

（10）劳动保护用品质量验收台账。

（11）职业卫生防护设施保养、检修台账。

（12）工伤社会保险参保台账。

（13）关键装置及重点部位安全活动台账。

（14）合格承包商台账。

（15）机动车进厂台账。

（16）监视和测量设备校准和维护台账。

（17）职业健康安全警示标志设置台账。

（18）安全生产考核奖惩情况台账。

（19）安全作业证台账。

（20）安全生产重大事故隐患治理档案台账。

（21）重大危险源台账。

（22）安全生产事故隐患排查治理台账。

（23）危险化学品台账。

（24）危险化学品出入库台账。

（25）特种设备定期检验台账。

（26）特种设备作业人员台账。

（27）特种设备安全检查台账。

（28）特种设备安全隐患排查整改台账。

（29）安全生产事故台账。

二、现场安全

1. 新入厂人员须经三级安全教育并考核合格后才能上岗作业。

2. 操作人员应经过应急训练，具有处置突发事件的技能。

3. 正确佩戴劳动保护用品。

4. 严禁班前、班上饮酒。

5. 生产现场严禁吸烟。

6. 各作业岗位应杜绝睡岗、串岗、脱岗现象。

7. 操作人员不得穿拖鞋、赤脚、赤膊、敞衣、戴头巾和围巾工作。

8. 使用设备前应进行安全检查。

9. 严禁从行驶的机动车辆爬上、跳下，严禁抛卸物品；车间内不准骑自行车。

10. 严禁任何人攀登吊运中的物件以及在吊钩下通过和停留。

11．安全警示标志完好。

12．现场岗位周知卡完好、清晰。

13．道路上方的管架等要有限高标志。

14．安全防护装置、信号保险装置应齐全、灵敏、可靠，设备润滑及通风应保持良好。

15．检查修理机械电气设备时，必须挂停电警示牌，设专人监护。

16．各种消防器材、工具应按消防规范设置齐全，不准随便动用。安放地点周围不得堆放其他物品。

17．对易燃、易爆、剧毒、放射和腐蚀等物品，必须按规定分类妥善存放，并设专人严格管理。

18．工艺流程、操作方式改变后，应按照变更程序组织人员对操作规程进行修订，并对相关人员进行培训。

三、现场安全检查

1．岗位操作人员应严格遵守操作规程。

2．中控指标的执行良好，操作记录及时、真实，字迹清晰工整。

3．特种作业人员须持证上岗，检查特种设备操作人员和特殊工种人员的资格证，并在有效期内。

4．冬季防冻防凝保温、夏季防暑降温措施完好。

5．有毒有害岗位的过滤式防毒面具、空气呼吸器、防化服等设备完好有效，而且定期维护。

6．岗位应急预案按期演练，并有详细的演练记录。

7．现场无跑、冒、滴、漏现象，卫生状况良好。

8．防爆区电气设施螺丝齐全紧固，电气设备为防爆型，电气线路密封且连接良好，穿线管或电气接线部位封堵严实。

9．安全附件齐全，均在检测有效期内，运行良好。

10．各监测报警装置安装齐全，运行良好。

11．各联锁装置完好、有效；摘除、恢复连锁装置必须履行相关手续。

12．各安全阀、液位计、压力表完好且均在检验期内，远传信号良好，上下限报警正常。压力表上要有限位红线。

13．各联锁装置运行正常，而且定期试验。

14．可燃气体、有毒气体报警仪安装率、使用率、完好率应达到100%，应按规定进行校验，并有记录，要在检验有效期内。

15．手动试验声光报警应正常，故障报警应完好。

16．喷淋洗眼器等安全装置时刻处于备用完好状态。

17．各温度、压力、阻力、流量等参数在规定范围之内，液位指示准确。

18．仪表设备应完好，防爆区内仪表应符合防爆规范要求。

19．仪表无锈蚀、松动等潜在危险。

20．仪表指示准确、灵敏，一次表和二次表及阀门动作应统一。

21．本车间范围内变电室、配电室门窗、玻璃齐全。

22．供水消防泵及其附属设施完好，随时处于备用状态。

23．消防栓开启灵活，出水正常，排水良好，出水口扪盖、橡胶垫圈齐全完好。

24．消防枪、消防水带等完好。

25．消防柜内器材齐全，并保持干燥、清洁，附件完好无损。

26．消防通道畅通无阻，各种安全、消防设施应处于正常状态。

27．通道应畅通无阻，应急灯具应齐全、完好；防火门的自闭器完好，能够自动关闭。

28．岗位安全周知卡应齐备。

29．对本车间易燃易爆、有毒有害场所的警示标志和告知牌应齐全完好。

30．有害作业与无害作业分开，高毒作业场所与其他作业场所隔离。

31．使用有毒物品作业场所与生活区分开，作业场所不得住人。

32．有毒有害作业场所按规定设置警示标志、报警设施、冲洗设施及防护急救器具专柜，柜内药品、设施齐全。

33．检维修、施工、吊装等作业现场应设置警戒区域和警示标志。

34．杜绝违章指挥、违章作业、违反劳动纪律等现象。

35．气防用具应定期维护保养，时刻处于完好备用状态。

36．工艺阀门开关应灵活，无开关不到位、过紧、过松、响动、内漏外流、腐蚀、堵塞等情况。

37．工艺管线应无震动、松动、跑冒滴漏腐蚀、堵塞等情况。

38．设备维护保养、润滑等落实到位，并有相应记录。

39．机泵泵体、阀门、法兰、压力表、温度计、流量计等完好。

40. 备用设备状况良好，定期检查维护，可随时启用。

41. 运转设备基础牢固，运转及润滑情况良好。

42. 各运转部件无异常响声，辅机及管线无震动，润滑油油质符合相关要求。

43. 设备运转状态平稳。

44. 暴露在外的传动部位有符合标准的安全防护罩，有轴必套，有轮必罩。

45. 电机无声音增大、振动增强现象。

46. 检查电机外壳保护接地应牢靠。

47. 电机及电器元件无火花及异常声响、气味，电流、电压等在指标范围内。

48. 地沟及地沟盖完好无损。

49. 需正压通风的场所，通风设施能够正常运行。

50. 钢直护笼、斜梯和操作平台护栏完好，而且涂有安全色。

51. 外来施工队伍必须有相应资质，并完善相关手续，外来施工队伍施工应有安全防护措施。

52. 外来施工队伍施工应避免影响正常生产操作。

53. 操作人员应掌握安全技术操作规程，知道工艺过程的控制参数，知道安装的全部安全设施和采取的安全措施、安全设施能否正常运行、生产中可能出现的异常情况和处置方法、本岗位的主要危险有害因素。

第二节 化工工艺安全

一、工艺操作人员应掌握的主要工艺安全信息

1. 化学品危险性信息

（1）物理特性。沸点、蒸气压、密度、溶解度、闪点、燃点、爆炸极限。

（2）化学特性。反应活性热（吸热还是放热）、物料的热稳定性和化学稳定性（如受热是否分解、暴露于空气中或被撞击时是否稳定、与其他物质混合时的不良后果、混合后是否发生反应）、反应类型（如分解反应、聚合反应）、腐蚀性以及材质的不相容性。

（3）毒性。LD_{50}（大白鼠经口）。

（4）职业接触限值、允许暴露限值。

（5）火灾危险性类别。

（6）泄漏化学品的处置方法。

（7）物料安全技术说明书（mSDS）。

2. 工艺技术信息

（1）流程图。

（2）化学反应过程。

（3）物料最大储存量。

（4）安全操作范围（如压力、温度、流量、液位），安全上下限值。

（5）偏离正常工况后果，包括对员工的安全和健康的影响。

（6）物料平衡表，能量平衡表。

（7）与工艺有关的法律法规、标准或规范。

3. 工艺设备信息

（1）位号、型号、名称、材质、用途、工作参数、设计参数。

（2）工艺控制流程图。

（3）爆炸危险区域划分图。

（4）泄压和排空系统、调节阀系统、通风系统、氮气系统、压缩空气系统、制冷系统、真空系统、蒸汽系统、导热油系统、参数检测系统和计量控制系统等。

4. 安全设施信息

（1）自控系统的工艺控制参数。

（2）监控、报警系统和联锁系统。

（3）紧急停车系统。

（4）监测或抑制系统。

（5）冲淋、洗眼器。

二、应该掌握的基本安全要点

1. 工艺操作规程、安全操作规程。

2. 安全设施的布置位置、数量，车间应有安全设施分布图或一览表。

3. 安全设施运行正常。

4. 需要定期检测的安全设施应在有效期内。

5．工艺操作过程中可能出现的异常情况和应急处理方法。

6．存在的危险工艺和控制参数。

7．重点监管危险化学品应有相应的安全措施和应急处置方法。

8．有处置温度、压力、搅拌、冷却、真空、输送泵、回流等异常情况的措施。

9．有防止人工投料发生差错的措施，如及时校核记录等。

10．投料发生差错时可能出现的不安全因素及应急处理程序和方法。

11．自控投料的计量器具应按规定定期校验。

12．清楚管道输送的物料名称及物料流向。

13．作业场所有毒气体浓度不应超过职业接触限值。

14．粉尘危害物质的存在部位，有防粉尘的措施。

15．个人应该穿戴的防护用品。

16．救援用品分布位置和使用方法。

17．紧急状况下能在规定的时间内穿戴好空气呼吸器。

18．会使用消防器材，消防通道无杂物阻挡。

19．疏散通道方位、疏散地点应明确，疏散通道应畅通。

三、工艺过程的安全控制要点

（一）一般化工工艺的基本安全要求

1. 投料

（1）应该知道原辅料物化性质、投料程序、泄漏的处理措施和可能出现的安全问题。

（2）投料前应该做好相关的准备工作（按操作规程进行）：

①穿戴好防护用品，检查安全设施应完好，做好检查记录；

②按规定要求依次关闭或打开相关阀门（底阀、蒸汽阀、真空阀、氮气阀、冷冻介质阀、水阀、放空阀、回流阀等）；

③检查管道、阀门、反应釜、计量槽等是否泄漏；

④打开通风或抽风系统。

（3）物料包装应完整，有标签、名称、重量、质量指标、产地、批号。

（4）按要求的投料量准确称重，有人复核、记录。

（5）若用软管抽吸液体物料，管道中的液体物料不应有残留，抽完后应该将敞开的进料管口放入密闭容器中，防止管中残液泄漏，发生安全事故。

（6）起吊物料的人员应持证上岗，操作中发现异常应立即停止起吊。

（7）剩余物料存放车间指定区域或退回仓库，车间存放的物料不应超过一天用量。

（8）如有物料泄漏，不得随意用水冲洗，应根据安全操作规程及时处置。

（9）有物料溅到人体应及时处置，如是酸碱应立即用水冲洗，不得延误，必要时就医。

2. 工艺操作

工艺操作岗位员工应针对本岗位安全操作规程操作，以下方法为员工提供重要参考。

（1）按操作程序开启阀门、搅拌等。

（2）严格控制加料速度，温度、压力必须在规定范围内。

（3）如温度、压力超出正常范围，应按操作规程立即处置。若仍然不能正常运行，应立即停车，问题解决后方可继续运行。

（4）如发生冲料，应立即采取切实可行的安全措施，对冲出的物料应及时处置。

（5）冷凝器的冷却系统应正常运行，冷凝液和冷却液的出口温度应在规定范围内，如超温应及时采取切实可行的措施。

（6）处理易凝固、易沉积危险性物料时，设备和管道应有防止堵塞和便于疏通的措施。

（7）物料倒流会产生危险的设备管道，应根据具体情况设置自动切断阀、止回阀或中间容器等。

（8）在不正常情况下，物料串通会产生危险时，应有防止措施。

（9）对有失控可能的聚合等工艺过程，应根据不同情况采取下列一种或几种应急措施：

①停止加入催化剂（引发剂）；

②加入终止剂或链转移剂，使催化剂失效；

③排出物料或停止加入物料；

④紧急泄压；

⑤停止供热或由加热转为冷却；

⑥加入稀释物料；

⑦加入易挥发性物料；

⑧通入稀有气体。

（10）输送酸、碱等强腐蚀性化学物料泵的填料函或机械密封周围，宜设置安全护罩。

（11）从设备及管道排放的腐蚀性气体或液体，应加以收集、处理，不得任意排放。

（12）安全标志和安全色完好清晰。

（13）阀门布置比较集中，易因误操作而引发事故时，应在阀门附近标明输送介质的名称、符号等明显的标志。

（14）生产场所与作业地点的紧急通道和紧急出入口均应设置明显的标志和指示箭头。

（15）极度危害（Ⅰ级）或高度危害（Ⅱ级）的职业性接触毒物应采用密闭循环系统取样。

（16）取样口的高度离操作人员站立的地面与平台不宜超过1.3 m，高温物料的取样应经冷却。

（17）硫化氢应采取密闭方式取样。

（18）极度危害（Ⅰ级）、高度危害（Ⅱ级）的职业性接触毒物和高温及强腐蚀性物料的液位指示，不得采用玻璃管液位计。

（19）产生大量湿气的厂房，应采取通风除湿措施，并防止顶棚滴水和地面积水。

（20）腐蚀性介质的测量仪表管线，应有相应的隔离、冲洗、吹气等防护措施。

（21）强腐蚀性液体的排液阀门，宜设双阀。

（22）液氯汽化热水不应超过40℃。

（23）应按规定巡检，做好记录。

（24）不得在作业现场用餐。

（二）常见危险工艺的基本安全要求

在对危险工艺进行安全检查时，应对照工艺图纸和技术文件逐一核实。

1. 电解工艺

（1）电解槽有温度、压力、液位、流量报警，并且联锁有效。

（2）电解供电整流装置与电解槽供电的报警和联锁。

（3）有紧急联锁切断装置和事故状态下氯气吸收中和系统，并保证吸收中和系统有效，如碱液浓度、储量等必须满足要求。

（4）有可燃和有毒气体检测报警装置，并在检测有效期内。

（5）设有联锁停车系统。

2. 氯化工艺

（1）氯化反应釜设有温度、压力检测报警系统，并与搅拌、氯化剂流量、进水阀联锁。

（2）设有反应物料的比例控制和联锁。

（3）有搅拌的稳定控制系统，有进料缓冲器。

（4）有紧急进料切断系统。

（5）有紧急冷却系统。

（6）有安全泄放系统。

（7）有事故状态下氯气吸收中和系统。

（8）有可燃和有毒气体检测报警装置，并在检测有效期内。

3. 硝化工艺

（1）反应釜内温度应有报警，并与搅拌、硝化剂流量、硝化反应釜夹套冷却水进水阀联锁。

（2）硝化反应釜处设立紧急停车系统、安全泄放系统和紧急冷却系统，当硝化反应釜内温度超标或搅拌系统发生故障能自动报警并自动停止加料，实施紧急冷却和安全泄放。

（3）分离系统温度控制与加热、冷却形成联锁，温度超标时能停止加热并紧急冷却。

（4）有塔釜杂质监控系统。

（5）硝化反应系统应设有泄爆管和紧急排放系统。

4. 裂解

（1）将引风机电流与裂解炉进料阀、燃料油进料阀、稀释蒸汽阀之间联锁，一旦引风机故障停车，则裂解炉自动停止进料并切断燃料供应，但应继续供应稀释蒸汽，以带走炉膛内的余热。

（2）燃料油压力与燃料油进料阀、裂解炉进料阀之间联锁，燃料油压力降低，则切断燃料油进料阀，同时切断裂解炉进料阀。

（3）分离塔应安装安全阀和放空管，低压系统与高压系统之间应有逆止阀，并配备固定的氮气装置、蒸汽灭火装置。

（4）裂解炉电流与锅炉给水流量、稀释蒸汽流量之间联锁，一旦水、电、蒸汽等公用工程出现故障，裂解炉能自动紧急停车。

（5）反应压力正常情况下由压缩机转速控制，开工及非正常工况下由压缩机入口放火炬控制。

（6）再生压力由烟机入口蝶阀和旁路滑阀（或蝶阀）分程控制。

（7）再生、待生滑阀正常情况下分别由反应温度信号和反应器料位信号控制，一旦滑阀差压出现低限，则转由滑阀差压控制。

（8）再生温度由外取热器催化剂循环量或流化介质流量控制。

（9）带明火的锅炉设置熄火保护控制。

（10）大型机组设置相关的轴温、轴震动、轴位移、油压、油温、防喘振等系统控制。

5. 氟化

（1）反应釜内温度、压力与釜内搅拌、氟化物流量、氟化反应釜夹套冷却水进水阀联锁。

（2）紧急冷却系统应有报警和联锁。

（3）应有搅拌的稳定控制系统。

（4）氟化反应釜处设立紧急停车系统和安全泄放系统，当氟化反应釜内温度或压力超标或搅拌系统发生故障时能自动停止加料并紧急停车。

（5）氟化反应操作中，要严格控制氟化物浓度、投料配比、进料速度和反应温度等，必要时应设置自动比例调节装置和自动联锁控制装置。

6. 加氢

（1）将加氢反应釜内温度、压力与釜内搅拌电流、氢气流量、加氢反应釜夹套冷却水进水阀形成联锁关系。

（2）应设置温度和压力的报警。

（3）应有循环氢压缩机停机报警、氢气紧急切断和搅拌的稳定控制系统。

（4）设置紧急停车系统、安全泄放系统和加入急冷氮气或氢气紧急冷却的系统，当加氢反应釜内温度或压力超标或搅拌系统发生故障时自动停止加氢，紧急冷却，进入紧急状态安全泄放。

（5）有安全阀、爆破片、紧急放空阀、有毒或可燃气体探测器等安全设施。

7. 重氮化

（1）反应釜内温度、压力与搅拌、亚硝酸钠流量、重氮化反应釜夹套冷却水进水阀联锁。

（2）反应物料的比例控制和联锁系统。

（3）应有紧急冷却系统、紧急停车系统、安全泄放系统，当重氮化反应釜内温度超标或搅拌系统发生故障时自动停止加料、紧急停车并安全泄放。

（4）重氮化后处理设备应配置温度检测、搅拌、冷却联锁自动控制调节装置。

（5）干燥设备应配置温度测量、加热热源开关、稀有气体保护的联锁装置。

（6）有安全阀、爆破片、紧急放空阀等安全设施。

8. 氧化

（1）反应釜内温度和压力与反应物的配比和流量、冷却水进水阀、紧急冷却系统联锁。

（2）应有紧急切断系统、紧急断料系统、紧急冷却系统和紧急送入稀有气体的系统，当氧化反应釜内温度超标或搅拌系统发生故障时自动停止加料、紧急冷却和紧急送入稀有气体，进行紧急停车。

（3）气相氧含量监测、报警和联锁。

（4）有安全阀、爆破片、可燃和有毒气体检测报警装置等安全设施，同时查看该装置是否在检测有效期限内。

9. 过氧化

（1）反应釜温度和压力的报警。

（2）应有紧急停车系统、紧急断料系统、紧急冷却系统、安全泄放系统和紧急送入稀有气体的系统。

（3）过氧化反应釜内温度与釜内搅拌电流、过氧化物流量、过氧化反应釜夹套冷却水进水阀联锁。当釜内温度超标或搅拌系统发生故障时自动停止加料、紧急冷却和紧急送入稀有气体，进行紧急停车。

（4）反应物料的比例控制和联锁。

（5）气相氧含量监测、报警和联锁。

（6）安全设施有泄爆管、安全泄放系统、可燃和有毒气体检测报警装置等，同时查看该装置是否在检测有效期限内。

10. 氨基化

（1）反应釜温度和压力的报警。

（2）反应釜内温度、压力与搅拌、物料流量、反应釜夹套冷却水进水阀联锁。

（3）反应物料的比例控制和联锁系统。

（4）应有紧急冷却系统、紧急停车系统、紧急送入稀有气体的系统、安全泄放系统。

（5）气相氧含量监控联锁。

（6）主要安全设施有安全阀、爆破片、单向阀、可燃和有毒气体检测报警装置等，同时查看该装置是否在检测有效期限内。

11. 磺化

（1）反应釜温度的报警。

（2）反应釜内温度与磺化剂流量、磺化反应釜夹套冷却水进水阀、釜内搅拌电流联锁。

（3）搅拌的稳定控制和联锁系统。

（4）应有紧急冷却系统、紧急停车系统、安全泄放系统，当磺化反应釜内各参数偏离工艺指标时能自动报警，停止加料，进行紧急停车。

（5）安全设施有泄爆管、紧急排放系统和三氧化硫泄漏监控报警系统等，其中泄爆管出口应引到安全地点。

12. 聚合

（1）反应釜温度和压力的报警。

（2）反应釜内温度、压力与釜内搅拌电流、聚合单体流量、引发剂加入量、聚合反应釜夹套冷却水进水阀联锁。

（3）设置紧急冷却系统、紧急切断系统、紧急停车系统和紧急加入反应终止剂系统。

（4）当反应超温、搅拌失效或冷却失效时，能及时加入聚合反应终止剂，安全泄放，紧急停车。

（5）搅拌的稳定控制和联锁系统。

（6）料仓应消除静电，用氮气置换。

（7）安全设施有安全泄放系统、防爆墙、泄爆面和有毒或可燃气体检测报警等。

13. 烷基化

（1）应有紧急切断系统、紧急冷却系统、安全泄放系统。

（2）反应釜内温度和压力与釜内搅拌、烷基化物料流量、烷基化反应釜夹套冷却水进水阀联锁。

（3）安全设施有可燃和有毒气体检测报警装置、安全阀、爆破片、紧急放空阀和单向阀。

14. 光气及光气化工艺

（1）应有事故紧急切断阀、紧急冷却系统。

（2）反应釜温度、压力报警联锁。

（3）局部排风设施。

（4）有毒气体回收及处理系统。

（5）自动泄压装置。

（6）自动氨或碱液喷淋装置。

（7）光气、氯气、一氧化碳监测及超限报警。

（8）双电源供电。

15. 合成氨工艺

（1）合成氨装置内温度、压力与物料流量、冷却系统联锁。

（2）压缩机温度、压力、入口分离器液位与供电系统形成联锁关系。

（3）紧急停车系统。

（4）可燃、有毒气体检测报警装置。

（5）设置以下几个控制回路：

①氨分、冷交液位；

②废锅液位；

③循环量控制；

④废锅蒸汽流量；

⑤废锅蒸汽压力。

（三）重点监管的常见危险化学品

涉及首批监控的危险化学品的单位，应对照原国家安监总局公布的控制措施和原则进行检查，下面列出的仅为基本安全要求。

1. 易燃、可燃和有毒气体、液体

包括：氨、液化石油气、硫化氢、天然气（甲烷）、原油、汽油（含甲醇汽油、乙醇汽油）、石脑油、氢、苯（含粗苯）、碳酰氯（光气）、一氧化碳、甲醇、丙烯腈、环氧乙烷、乙炔、氯乙烯、乙烯、苯乙烯、环氧丙烷、一氯甲烷、硫酸二甲酯、苯胺、丙烯醛（2–丙烯醛）、甲醚、氯苯（氯化苯）、乙酸乙烯酯、二甲胺、甲苯二异氰酸酯、六氯环戊二烯、二硫化碳、乙烷、氯甲基甲醚、烯丙胺、异氰酸甲酯、甲基叔丁基醚、乙酸乙酯、丙烯酸、甲基肼、一甲胺、乙醛、甲苯、1，3–丁二烯、丙烯（1–丙烯）、环氧氯丙烷、三氟化硼、磷化氢。

（1）一般要求

1）防爆。

2）应有泄漏检测报警仪。泄漏检测报警仪设置的原则为：当检测密度比空气大的气体或蒸汽时，应安装在泄漏点的下方，距离地面一般在30 ~ 60 cm。离泄漏点距离：检测有毒气体的为2.5 m；检测可燃气体的，室内7.5 m，室外15 m。

3）应有压力、液位、温度远传记录和报警。

4）储罐等压力容器和设备应设置安全阀、压力表、液位计、温度计。

5）有动力电源、管线压力、通风设施或相应吸收装置的联锁装置。

6）应有紧急切断装置或紧急停车系统。

7）管道外壁应有色标、物料名称、物料走向标志。

8）输送管道不应靠近热源敷设。

9）应有两套正压式空气呼吸器。

10）应有长管式防毒面具、重型防护服等防护器具、防护眼镜、防静电工作服，戴橡胶手套、过滤式防毒面具。

11）应有安全警示标志。

12）在传送过程中，钢瓶、容器及管道必须接地和跨接，防止产生静电。检查时要注意接地和防静电跨接的质量，原则上相邻的两只法兰应可靠跨接。

13）禁止使用电磁起重机和用链绳捆扎，或将瓶阀作为吊运着力点。

14）配备相应品种和数量的消防器材及泄漏应急处理设备。

15）作业环境应设立风向标。

16）对有可能失控的工艺过程的应急措施有：排出物料或停止加入物料；紧急泄压；停止供热或由加热转为冷却；加入稀释物料；加入易挥发性物料；通入稀有气体；与灭火系统联锁。

17）充装岗位要有万向节管道充装系统。

（2）特殊要求（部分）

1）氯（剧毒品）

①用小于40℃温水加热汽化器；

②液氯汽化器、预冷器及热交换器等设备，装有排污装置和污物处理设施；

③定期分析三氯化氮含量；

④禁止向泄漏的钢瓶上喷水；

⑤充装时，使用万向节管道充装系统；

⑥警示标志齐全。

2）氨

①液氨气瓶放置在距工作场地至少5 m以外的地方，并且通风良好；

②防止冻伤。

3）硫化氢（强烈的神经毒物）

①操作时佩戴正压自给式空气呼吸器；

②使用便携式硫化氢检测报警仪；

③作业工人腰间缚以救护带或绳子，要设监护人员。

4）氢气

管道与燃气管道、氧气管道平行敷设时，中间宜有不燃物料管道隔开，或净距不小于250 mm；分层敷设时，氢气管道应位于上方。

5）丙烯腈（剧毒品）

①应有安全联锁、紧急排放系统、独立设置的紧急停车系统（ESD）和正常及事故通风设施；

②配备便携式可燃气体报警仪、电视监控；

③生产装置内使用在线氧分析仪；

④应有HCN浓度监测系统、便携式氢氰酸浓度检测报警仪；

⑤管道系统法兰应采用高等级密封法兰；

⑥禁止将碱性物料送到承装介质的容器或废水槽中；

⑦按规定添加阻聚剂，防止物料发生高温自聚而堵塞设备和管道；

⑧设置连续吹氮系统。

6）环氧乙烷（致癌物）

①作业场所的浓度必须定期测定，并及时公布于现场；

②固定动火区必须距离生产区30 m以上；

③充氮吹扫，所用氮气的纯度应大于98%；

④储罐应设置水冷却喷淋装置，并应有充足的水源提供，尽量使操作温度范围在-10～20℃；

⑤密封垫片应采用聚四氟乙烯材料，禁止使用石棉、橡胶材料。

7）乙炔

①严禁卧放使用；

②同时使用乙炔瓶和氧气瓶时，两瓶之间的距离应超过5 m，离动火点应超过10 m。

8）1,3-丁二烯

①严格控制系统氧含量；

②要有降温措施，防止聚合。

9）硫酸二甲酯（致癌物，剧毒液体）

①应有自吸过滤式防毒面具；

②应有化学安全防护眼镜；

③应有胶布防毒衣、橡胶手套；

④作业环境应有硫酸二甲酯检测仪及防护装置。

10）苯胺

作业环境配备相应的苯胺检测仪及防护装置。

11）二硫化碳

①容器内可用水封盖表面；

②储存区备有泄漏应急处理设备和合适的收容材料。

12）碳酰氯（光气、剧毒品）

①进入光气生产单元的人员都必须佩戴个人防护器材，围护式厂房内配备逃生防护设施，进出围护式厂房必须得到批准，携带小型光气/CO检测仪，一旦出现警报立即撤离；

②应严格执行剧毒化学品“双人收发，双人保管”制度；

③应与醇类、碱类、食用化学品分开存放，切忌混储；

④储存于阴凉、干燥、通风良好的库房，远离火种、热源，库房内温不宜超过30℃；

⑤储罐用特殊规定的容器盛装、储存，并配稀碱、稀氨水喷淋吸收装置；

⑥储槽的总储量必须严格控制，必须使用相应的系统容量事故槽；

⑦储槽应装设安全阀，在安全阀前装设爆破片，安全阀后必须接到应急破坏系统，宜在片与阀之间装超压报警器；

⑧由储槽向各生产岗位输送物料不宜采用气压输送，当采用密封性能可靠的耐腐蚀泵输送时，泵的数量应降至最低；

⑨输送含光气的物料应采用无缝钢管，并宜采用套管；

⑩含光气物料管道连接应采用对焊焊接，开车之前应做气密性试验，严禁采用丝扣连接。

13）甲苯二异氰酸酯（剧毒品）

①设置泄漏检测报警仪；

②使用防爆型的通风系统和设备；

③配备两套以上重型防护服；

④压力容器和设备应设置安全阀、压力表、液位计、温度计，并应装有带压力、液位、温度远传记录和报警功能的安全装置，重点储罐需设置紧急切断装置；

⑤避免与氧化剂、酸类、碱类、醇类、胺类接触；

⑥本品容易与胺、水、醇、酸、碱发生反应，特别是与氢氧化钠和叔胺发生反应难以控制，并放出大量热量；

⑦当桶翻倒和爆裂时，应将干沙或化学品吸收剂铺在受污染区（大面积），并将损坏的桶放入（过）大桶内，将用过的沙或化学品吸收剂收集在开口桶内做适当处理，并通过（过）大桶的排气盖排放气体，另外还要用二异氰酸酯中和液彻底清洗污染区；

⑧充装时使用万向节管道充装系统，严防超装；

⑨储存于阴凉、干燥、通风良好的不燃材料结构的库房中，防止容器受损和受潮，储存温度控制在20～35℃，与胺类、醇、碱类和含水物品隔离储运；

⑩应严格执行剧毒化学品“双人收发，双人保管”制度。

14）六氯环戊二烯（剧毒品）

①配备便携式硫化氢报警仪；

②充装时使用万向节管道充装系统，严防超装；

③储存于阴凉、干燥、通风良好的库房，远离火种、热源，保持容器密封；

④应与酸类、氧化剂、食用化学品分开存放，切忌混储，储存区应备有泄漏应急处理设备和合适的收容材料；

⑤应严格执行剧毒化学品“双人收发，双人保管”制度。

15）氰化氢、氢氰酸（剧毒品）

①氰化氢气体比空气略轻，发生泄漏后气体向上扩散，应注意风向和人站立的位置，巡检人员配备便携式氰化氢气体检测仪；

②氢氰酸易聚合，工艺操作中要防止碱性物质和保持低温状态；

③严禁利用氢氰酸管道作电焊接地线，严禁用铁器敲击管道与阀体，以免产生火花；

④配备相应的固定式氰化氢检测仪及防护装置；

⑤作业环境应设立方向标和逃生疏散通道标志；

⑥储存于阴凉、干燥、通风良好的专用库房内，库房温度不宜超过30℃；

⑦不可与空气接触，应与氧化剂、酸类、碱类、食用化学品分开存放，切忌混储，储存区应备有合适的材料收容泄漏物；

⑧储存时间不宜太长，并注意添加稳定剂；

⑨应严格执行剧毒化学品“双人收发，双人保管”制度。

16）丙烯醛（2-丙烯醛）（剧毒品）

①应与氧化剂、酸类、碱金属等分开存放，切忌混储；

②储存区应备有泄漏应急处理设备和合适的收容材料；

③每天不少于两次对各储罐进行巡检，并做好记录；

④生产设备的清洗污水及生产车间内部地坪的冲洗水须收入应急池，经处理合格后才可排放；

⑤应严格执行剧毒化学品“双人收发，双人保管”制度；

⑥使用万向节管道充装系统，严防超装。

17）丙酮氰醇（剧毒品）

①避免直接接触丙酮氰醇；

②严禁利用丙酮氰醇管道作电焊接地线，严禁用铁器敲击管道与阀体，以免

产生火花；

③作业环境应设立风向标；

④供气装置的空气压缩机应置于上风侧；

⑤重点检测区应设置醒目的标志、丙酮氰醇检测仪、报警器及排风扇；

⑥在作业的场所应设置醒目的中文警示标志；

⑦生产设备的清洗污水及生产车间内部地坪的冲洗水须收入应急池；

⑧充装时使用万向节管道充装系统，严防超装；

⑨应严格执行剧毒化学品“双人收发，双人保管”制度；

⑩应与氧化剂、还原剂、酸类、碱类、食用化学品分开存放，切忌混储。

（18）氯甲酸三氯甲酯（双光气）

①避免直接接触双光气；

②生产车间、化验室和采样等各工作岗位的工作人员不得带未愈的伤口上岗；

③应与氧化剂、碱类、活性炭、食用化学品分开存放；

④切忌混储充装时使用万向节管道充装系统，严防超装。

（19）三氯甲烷（可疑致癌物）

①三氯甲烷管道外壁颜色、标志应执行《工业管道的基本识别色、识别符号和安全标识》的规定；

②作业环境应设立风向标；

③供气装置的空气压缩机应置于年主导风向的上风向；

④重点检测区应设置醒目的标志、三氯甲烷检测仪、报警器及排风扇；

⑤三氯甲烷挥发性极强，在大量存在三氯甲烷的区域或使用三氯甲烷作业的人员应配备便携式三氯甲烷检测报警仪；

⑥生产设备的清洗污水及生产车间内部地坪的冲洗水须收入应急池，经处理合格后才可排放；

⑦储存于阴凉、干燥、通风良好的专用库房内，仓库房温度不超过35℃，相对湿度不超过85%；

⑧应与碱类、铝、食用化学品分开存放，切忌混储。

2. 固体毒害品

（1）氰化钠（剧毒品）

①应有泄漏检测报警仪；

②配备两套以上重型防护服；

③应有过滤式防尘呼吸器、连衣式防毒衣、橡胶手套；

④应有安全警示标志；

⑤配备便携式氰化氢气体检测仪；

⑥配备洗眼器、喷淋装置，检查淋浴和洗眼设备是否完好、有效，保护距离是否在有效范围内；

⑦应有急救药品和相应滤毒器材、正压自给式空气呼吸器、防尘器材、防溅面罩、防护眼镜和耐碱的胶皮手套等防护用品。

（2）苯酚

①应有化学安全防护眼镜；

②应有透气型防毒服，戴防化学品手套；

③紧急事态抢救或撤离时，应该佩戴自给式呼吸器；

④应有淋浴和洗眼设备，检查淋浴和洗眼设备是否完好、有效，保护距离是否在有效范围内。

（3）硝基苯

①储罐等容器和设备应设置液位计、温度计，并应装有带液位、温度远传记录和报警功能的安全装置；

②应有安全警示标志。

3. 腐蚀品

（1）二氧化硫

①应有二氧化硫泄漏检测报警仪；

②配备两套以上重型防护服，空气中浓度超标时操作人员应佩戴自吸过滤式防毒面具（全面罩）；

③储罐等压力容器和设备应设置安全阀、压力表、液位计、温度计，并应装有带压力、液位、温度远传记录和报警功能的安全装置、联锁装置；

④应有紧急切断装置；

⑤配置便携式二氧化硫浓度检测报警仪。

（2）氟化氢、氢氟酸

①冲淋和洗眼器应完好、有效，保护距离应在有效范围内；

②配置氟化氢有毒气体检测报警仪；

③配备两套以上重型防护服，穿橡胶耐酸碱服，戴橡胶耐酸碱手套，工作场所浓度超标的操作人员应该佩戴自吸过滤式防毒面具；

④储罐等压力容器和设备应设置安全阀、压力表、液位计、温度计，并应装有带压力、液位、温度远传记录和报警功能的安全装置；

⑤应有紧急切断装置；

⑥储存时间不宜太长，并注意添加稳定剂。

（3）三氯化磷、四氯化钛

①应有安全淋浴和洗眼设备，检查淋浴和洗眼设备是否完好、有效，保护距离是否在有效范围内；

②配备两套以上重型防护服，戴化学安全防护眼镜，穿橡胶耐酸碱服，戴橡胶耐酸碱手套；

③储罐等容器和设备应设置液位计、温度计，并应装有带液位、温度远传记录和报警功能的安全装置，重点储罐需设置紧急切断装置；

④安全警示标志。

4. 有机过氧化物：过氧乙酸

①避免直接接触过氧乙酸，操作人员应佩戴必要的防护用品；

②应与还原剂、碱类、金属盐类分开存放，切忌混储；

③应专库储存，专人保管，储存于有冷藏装置、通风良好、散热良好的不燃结构的库房内；

④注意储存的量不宜过大，尤其要注意储存时应该采用塑料容器，而不能用玻璃瓶等膨胀性较差的容器储存过氧乙酸；

⑤储存过氧乙酸的容器应当留有不少于5%的空隙，防止液体蒸发膨胀造成容器爆裂，严禁使用铁器或铝器等金属容器盛装存放；

⑥新采购或刚经过运输的过氧乙酸不宜立即使用，应当静置30分钟以上。

5. 氧化剂：硝酸铵

①禁止将油和氯离子带入硝酸铵溶液系统；

②防止熔融液喷溅到人体上导致接触部位严重烧伤；

③必须定期地将机械上（尤其转动与擦油部分）所沉积的硝酸铵和油等除去；

④应与易（可）燃物、还原剂、酸类、活性金属粉末分开存放，切忌混储；

⑤储存区应备有合适的材料收容泄漏物，禁止震动、撞击和摩擦。

第三节　化工安全操作要点

一、化工安全操作基础

欲实现化工单元安全操作，岗位（班组）职工至少首先应把握好如下的应知应会要点。

1．本岗位、本班组物料的理化性能，以及受到冲击或发生异常反应时可能产生的后果与紧急处理措施。

2．本岗位、本班组的物料毒性与作业场所的最高允许浓度，以及为防止其超标应采取的安全技术措施。

3．本岗位、本班组原材料和燃料的技术规格、要求，混入其他杂质后可能导致的后果及其处理措施。

4．作业现场可能潜伏的粉尘爆炸性危险及其预防和处理措施。

5．本岗位作业场所及其附近有哪些无法移去的可燃性物质，生产中为防止其燃烧应采取的预防措施。

6．生产过程中可能产生的各种危险性副产物，以及为防止其产生应采取的预防措施。

7．连续化生产中，一种或一种以上的原料无法及时进入反应装置时可能导致的后果及其预防或补救措施。

8．各种物料（原材料、产品、半成品）储存过程中的稳定性如何，是否会出现自燃、自聚或自身分解现象，为杜绝上述现象需要采取的预防或补救措施。

9．作业现场目前设置的防尘、防毒、防爆或消防设施，这些设施的日常维护和使用要点。

10．误操作时可能潜伏的各种危险，工艺指标接近既定的上下限时可能导致的各种后果，以及为防止上述现象的出现应采取的预防或处理措施。

11. 生产系统运行异常时可能产生的可燃或可爆性混合物，懂得如何预防或紧急处理。

12. 对接近闪点的操作应采取的防范措施。

13. 正常状态或异常状态下的反应速度，熟悉防止异常温度、异常压力、异常反应、混入杂质、流动阻塞、跑冒滴漏等异常现象的出现，发现上述现象后需要采取的紧急处理措施。

14. 风机、泵、搅拌器等各种转动设备发生故障时可能导致的后果，其预防和紧急处理措施。

15. 运行中的设备或管道堵塞时会导致的后果、预防或紧急处理措施。

16. 生产系统外部发生火灾时，装置内部处于何种危险状态，如何紧急处理。

17. 本岗位各种设备的安全装置，其维护要点是什么。

18. 岗位上的玻璃视镜、玻璃液面计、各种法兰连接处及其他装置的破损或连接不紧密时将会泄漏出何种物料，其紧急处理措施有哪些。

19. 生产中的各种液位计、指示仪表、记录装置等仪器仪表在显示或记录不准确时将会导致何种后果，其预防、改进或紧急处理措施有哪些。

20. 生产系统中的部分仪器仪表发生故障时，如何确保生产系统继续安全平稳运行。

21. 本班组、本岗位各种事故预案的要点，各种事故预案在何种情况下实施及其具体实施程序。

二、生产岗位安全操作要点

1. 必须严格执行工艺技术规程，遵守工艺纪律，做到“平稳运行”。

2. 必须严格执行安全操作规程。

3. 控制溢料和漏料，严防“跑、冒、滴、漏”。

4. 不得随便拆除安全附件和安全联锁装置，不准随意切断声、光报警等信号。

5. 正确穿戴和使用个体防护用品。

三、开车安全操作要点

1. 正常开车应严格执行岗位操作规程。

2. 较大系统开车必须编制开车方案（包括应急事故救援预案），并严格执行。

3. 开车方案经过认证，有相关手续。

4. 开车前应严格下列各检查：

（1）确认水、电、汽（气）符合开车要求，各种原料、材料、辅助材料的供应齐备；检查自动控制能否正常运行，工艺参数应在规定范围内。

（2）阀门开闭状态及盲板抽堵情况，自动和手动阀门是否在要求的状态，保证装置流程畅通，各种机电设备及电器仪表等均处在完好状态。

（3）保温、保压及清洗的设备要符合开车要求，必要时应重新置换、清洗和分析，使之合格。

（4）确保安全、消防设施完好，通信联络畅通，并通知消防、医疗卫生等有关部门。

（5）各项检查合格后，按规定办理开车操作票。投料前必须进行分析验证。

（6）加热、冷却、通风、氮气置换等系统无故障；检查设备的清洗置换情况。

5. 危险性较大的生产装置开车，相关部门人员应到现场。消防车、救护车处于备防状态。

6. 开车过程中应严格按开车方案中的步骤进行，严格遵守升降温、升降压和加减负荷的幅度（速率）要求。

7. 开车过程中要严密注意工艺的变化和设备的运行，发现异常现象应及时处理，紧急时应终止开车，严禁强行开车。

8. 开车过程中应保持与有关岗位和部门之间的联络。

9. 必要时停止一切检修作业，无关人员不准进入开车现场。

四、停车安全操作要点

1. 正常停车按岗位操作规程执行。

2. 较大系统停车必须编制停车方案，并严格按停车方案中的步骤进行。

3. 系统降压、降温必须按要求的幅度（速率），并按先高压、后低压的顺序进行。凡须保温、保压的设备（容器），停车后要按时记录压力、温度的变化。

4. 大型传动设备的停车，必须先停主机、后停辅机。

5. 设备（容器）卸压时，应对周围环境进行检查确认，要注意易燃、易爆、有毒等危险化学物品的排放和扩散，防止造成事故。

6．冬季停车后，要采取防冻保温措施，注意低位、死角及水、蒸汽管线、阀门、流水器和保温伴管的情况，防止冻坏设备。

五、紧急处理要点

1．发现或发生紧急情况，必须先尽最大努力妥善处理，防止事态扩大，避免人员伤亡，并及时向有关方面报告。

2．工艺及机电设备等发生异常情况时，应迅速采取措施，并通知有关岗位协调处理。必要时，按步骤紧急停车。

3．发生停电、停水、停气（汽）时，必须采取措施，防止系统超温、超压、跑料及机电设备的损坏。

4．发生爆炸、着火、大量泄漏等事故时，应首先切断气（物料）源，同时迅速通知相关岗位采取措施，并立即向上级报告。

六、典型操作单元安全要点

（一）物料输送安全操作要点

1．固体物料的运输

（1）皮带输送机

主要危险：机械伤害、触电、粉尘。

1）皮带输送机应空载启动，等运转正常后方可入料，禁止先入料后开车。停车前必须先停止入料，等皮带上存料卸尽方可停车。

2）头架和尾架的主动轮和被动轮是较易产生事故的危险点，因此需在这些部位装防护网。

3）架设在走道平台上的皮带输送机应设置防护栏，高度不低于1 050 mm。人行道与输送机的间隔宽度不小于600 mm。横穿皮带机的人行便道应设过道“桥”。

4）对其扬尘点应设置通风除尘装置。

5）电动机接线应套上金属保护管。电器箱门应完整，关闭严密，压紧螺丝应齐全并坚固，所有电器零件及接线端不应松动。

6）操纵盒（台）及按钮应完好，按钮的色标清晰。

7）保护接地（零）线应有足够的强度和截面。

8）齿轮箱应无渗漏现象，油位应在油标尺的规定范围之内。

9）齿轮箱与电动机、主动轮的连接应牢固，运行平稳、可靠，连接处应有防护罩。

10）主动轮、从动轮、托轮、挡轮等均应齐全、无裂纹、转动灵活、可靠、无卡阻现象。

11）输送带应无裂纹和老化现象，并有足够的强度。

12）张紧装置应完好，而且便于调节。

13）头架、中间架、尾架结构完好，无裂纹等缺陷。

14）输送带上禁止行人或乘人。

15）皮带输送机运行中禁止加油、修理和打扫卫生。

16）皮带打滑时严禁用手去拉动皮带，以免发生事故。校正皮带位置和松紧时，必须停车。

17）皮带输送机不得超负荷运行。

（2）气力输送

主要危险：粉尘、粉尘爆炸。

1）有粉尘爆炸危险的输送气流尽可能选用稀有气体。

2）输送管应密闭无泄漏，对其扬尘点应设置通风除尘装置。

3）输送有粉尘爆炸危险的物料，输送管、设备应选用导电性较好的材料，并应有良好的接地。

4）使用空气（或稀有气体）定期吹扫管壁，防止物料在管内堆积。

5）电器设备必须绝缘良好。电动机要可靠接地。

2. *液体物料的输送*

（1）输送易燃液体宜采用蒸汽往复泵。如采用离心泵，则泵的叶轮应用有色金属制造，以防撞击产生火花。设备和管道均应有良好的接地，以防静电引起火灾。应优先选择采用虹吸和自流的输送方法。

（2）禁止采用压缩空气压送易燃液体。

（3）临时输送可燃液体的泵和管道（胶管）连接处必须紧密、牢固，以免输送过程中管道受压脱落、漏料而引起火灾。

（4）用各种泵类输送可燃液体时，其管道内流速不应超过安全速度，而且管道应有可靠的接地措施，以防静电聚集。同时应避免吸入口产生负压，以防空气进入系统，导致爆炸或抽瘪设备。

（5）输送酸性液体和悬浮液时，应选用隔膜往复泵较为安全。

3. 气体物料的输送

（1）输送液化可燃气体宜采用液环泵。

（2）在抽送或压送可燃气体时，进气入口应该保持一定余压，以免造成负压，吸入空气，形成爆炸性混合物。

（3）压缩机汽缸、储气罐以及输送管路要有足够的强度。

（4）应安装经核验准确可靠的压力表和安全阀（或爆破片）。

（5）安全阀泄压应将危险气体导至安全的地点。

（6）压缩机在运行中不能中断润滑油和冷却水，并应注意冷却水不能进入汽缸，以防发生水锤。

（7）应注意经常检查，及时换修气体抽送、压缩设备上的垫圈，以防漏气。

（8）压送特殊气体的压缩机，应根据所压送气体物料的化学性质采取相应的防火措施。乙炔压缩机同乙炔接触的部件不允许用铜制造。

（9）可燃气体的管道应经常保持正压，并根据实际需要安装逆止阀、水封和阻火器等安全装置，管内流速不应过高。管道应有良好的接地装置。

（10）可燃气体和易燃蒸气的抽送、压缩设备的电机部分应为符合防爆等级要求的电气设备，或应穿墙隔离设置。

（11）输送可燃气体的管道着火时，应及时采取灭火措施。管径在150 mm以下的管道，应直接关闭闸阀熄火；管径在150 mm以上的管道不可直接关闭闸阀熄火，应采取逐渐降低气压、通入大量水蒸气或氮气灭火的措施，但气体压力不得低于50 ~ 100 Pa，严禁突然关闭闸阀或水封，以防回火爆炸。当着火管道被烧红时，不得用水骤然冷却。

（二）传热单元安全操作要点

1. 加热单元

（1）加热反应必须严格控制温度。应明确规定和严格控制升温上限和升温速度。

（2）对温度容易猛升并有冲料危险的化学反应，反应设备应该有冷却装置和紧急放料装置。紧急放料装置应设泄压爆破片，周围应禁止火源。

（3）加热温度如果接近或超过物料的自燃点，应采用氮气保护。

（4）采用硝酸盐、亚硝酸盐等无机盐作加热载体时，要预防与有机可燃物接触。

（5）与水会发生反应的物料，不宜采用水蒸气或热水加热。当采用水蒸气或热水加热时，应定期检查蒸汽夹套和管道的耐压强度，并应安装压力表和安全阀。

（6）采用充油夹套加热时，加热炉门与反应设备应用砖墙隔绝，或将加热炉设于车间外面。油循环系统应严格密闭，防止热油泄漏。

（7）电加热器安全措施。加热易燃物质以及受热能挥发的可燃性气体或蒸气的物质应采用密闭式电加热器；电加热器不能安装在易燃物质附近；导线的负荷能力应满足加热器的要求；为了提高电加热设备的安全可靠性，可采用防潮、防腐蚀、耐高温的绝缘层，增加绝缘层的厚度，增加绝缘保护层等措施；电感应线圈应密封起来，防止与可燃物接触；电加热器的电炉丝与被加热设备的器壁之间应有良好的绝缘，以防短路引起电火花，将器壁击穿，使设备内的易燃物质或漏出的气体和蒸气发生燃烧或爆炸；工业上用的电加热器，在任何情况下都要设置单独的电路，并要安装适合的熔断器。

2. 管壳式换热器

（1）管程介质

1）除U形管换热器外，容易结垢和有腐蚀性介质的应走管程，以便于清洗和检修。

2）有毒的流体宜走管程，使泄漏机会减少。

3）与环境温度相比，一般温度或温度很低的流体宜走管程，以减少能量损失，降低对壳体的材质要求。

4）压力高的流体宜走管程，可降低换热器外壳的强度要求。

（2）壳程介质

1）饱和蒸汽宜走壳程，有利于蒸汽凝液的排出，而且蒸汽较洁净，以免污染壳程。

2）被冷却的流体宜走壳程，以便于散热，增强冷却效果。

3）若两流体温差较大，对流传热系数大的流体宜走壳程，以减小管壁和壳壁的温差。

（3）介质流向

1）换热器进出口通常给出介质的流向，一般冷流体下进上出，热流体上进下出。一旦发生故障，热介质首先撤出对设备有利。

2）使用蒸汽作热源时（冷凝），蒸汽宜从上部引入，凝液应从下部排出。这样调节换热器里的凝液液位，就可改变传热面积，控制加热量。

3）若换热的两个介质都是液体，采用逆流比顺流有利。因为在其他条件相同的情况下，逆流的温差大，对传热有利。

4）若换热器壳侧的设计压力比管侧的设计压力低，而且满足下列条件：①换热器低压侧设计压力≤2/3高压侧操作压力；②换热器高压侧操作压力>7 MPa，或者低压侧的介质是能闪蒸的液体或含有蒸汽、会汽化的液体。那么换热器的低压侧就应该设置安全阀，而且设计安全阀时安全阀的排放介质应取高压侧的液体。

（4）操作控制安全要点

1）冷却剂与水蒸气的冷凝器出口配备一个凝液罐，操作控制凝液器更方便，并使传热更好。

2）发生相变的换热器在汽化或冷凝侧，通常设置玻璃液位计及液位控制（多在凝液罐上）。

3）换热器冷却水出口侧应设温度计，以便于调节冷却水流量，控制冷却水出口温度不至于过高而结垢。被冷却或加热的工艺介质的出口也应设温度测量点，以便控制物料的加热（冷却）温度。

4）规格大小完全一样的换热器并联使用，上管板应与塔釜稳定时的控制液面相等。

（5）泄压与放净

1）对换热器在阀门关闭后可能由于热膨胀或液体蒸发造成压力太高的地方，应设泄压阀。

2）换热器的管侧、壳侧根据需要应设置放空阀及排净阀，必要时排往特定的容器加以收集。

3）若换热器某一侧有液液多相，应设集液槽加以分离，必要时还应加界面观测及界面控制系统。

4）水冷却器和水冷凝器的管道上可设置一供水、回水管的防冻旁通，并在上水管切断阀后及回水管切断阀前靠近换热器的一侧各设一放净阀。

（6）其他

1）串联换热器宜用重叠式布置，以减少压降并节省投资与占地，但叠放不应超过三个。

2）低传热系统、小温差且干净的介质，选用换热器单侧或双侧强化的高通量换热器，效果更显著。

3）当列管式换热器壳侧有冷凝的气体时，若换热器设有挡板，挡板的设计应让冷凝液畅通流过。

（三）制冷单元安全操作要点

1. 冷却（凝）及冷冻过程的危险控制要点

（1）应根据被冷却物料的温度、压力、理化性质以及所要求冷却的工艺条件，正确选用冷却设备和冷却剂。忌水物料的冷却不宜采用水作冷却剂，必需时应采取特别措施。

（2）应严格注意冷却设备的密闭性，防止物料进入冷却剂中或冷却剂进入物料中。

（3）冷却操作过程中冷却介质不能中断，否则会造成积热，使反应异常，系统温度、压力升高，引起火灾或爆炸，因此冷却介质温度控制应采用自动调节装置。

（4）开车前，首先应清除冷凝器中的积液；开车时，应先通入冷却介质，然后通入高温物料；停车时，应先停物料，后停冷却系统。

（5）为保证不凝可燃气体安全排空，可充氮进行保护。

（6）高凝固点物料冷却后易变得黏稠或凝固，在冷却时要注意控制温度，防止物料卡住搅拌器或堵塞设备及管道。

2. 冷冻过程的安全措施

（1）对于制冷系统的压缩机、冷凝器、蒸发器以及管路系统，应注意耐压等级和气密性，防止设备、管路产生裂纹、泄漏。

（2）应加强压力表、安全阀等的检查和维护。

（3）低温部分应注意其低温材质的选择，防止低温脆裂发生。

（4）当制冷系统发生事故或紧急停车时，应注意被冷冻物料的排空处置。

（5）使用氨压缩机，应采用不发火花的电气设备；压缩机应选用低温下不冻结且不与制冷剂发生化学反应的润滑油，而且油分离器应设在室外。

（6）应注意冷载体盐水系统的防腐蚀。

（四）蒸发与蒸馏单元安全操作要点

1. 蒸发过程安全运行操作

（1）蒸发器的选择应考虑蒸发溶液的性质，如溶液的黏度、发泡性、腐蚀性、热敏性，以及是否容易结垢、结晶等情况。

（2）为了提高蒸发器的生产能力，应提高加热蒸汽压力和降低冷凝器中二次蒸汽压力，有助于提高传热温度差。

（3）提高传热效果：

①应定期停车清洗、除垢；

②应积极改进蒸发器的结构，如把蒸发器的加热管加工光滑一些，使污垢不易产生，及时生成也易清洗，这就可以提高溶液循环的速度，从而降低污垢生成的速度；

③应提高溶液的循环速度和湍动程度，从而提高蒸发器的蒸发能力。

（4）在操作中，必须密切注意蒸发器内液面的高低，以提高蒸发器的传热量。

2. 蒸馏过程安全运行操作

（1）常压蒸馏

①在常压蒸馏中，对于易燃液体的蒸馏禁止采用明火作为热源，一般采用蒸汽或过热水蒸气加热较为安全。

②对于腐蚀液体的蒸馏，选择防腐耐温高强度材料，以防止塔壁、塔盘腐蚀泄漏，导致燃烧、爆炸、灼伤等危险。

③对于自燃点很低的液体蒸馏，应注意蒸馏系统的密闭，以防止因高温泄漏遇空气自燃。

④蒸馏高沸点物料时，应防止产生自燃点很低的树脂油状物遇空气自燃。同时应防止蒸干，使残渣转化为结垢，从而引起局部过热而燃烧、爆炸。油焦和残渣应经常清除。

⑤高温的蒸馏系统应防止因设备损坏使冷却水进塔，水迅速汽化，导致塔内压力突然增高，将物料冲出或发生爆炸。在开车前应对换热器试压，并将塔内和管道内的水放尽。

⑥冷凝器中的冷却水或冷冻盐水不能中断。

⑦应注意防止凝固点较高的物质凝结，堵塞管道。

（2）减压蒸馏（真空蒸馏）

①真空蒸馏系统的密闭性是非常重要的，否则吸入空气，与塔内易燃气混合，形成爆炸性混合物，就有引起爆炸或者燃烧的危险。

②当易燃易爆物质蒸发完毕，应充入氮气后再停止真空泵，以防止空气进入系统，引起燃烧或爆炸危险。

③真空泵应安装单向阀，以防止突然停泵而使空气倒灌进入设备。

④真空蒸馏操作时应先开冷却器进水阀，然后开真空进气阀，最后打开蒸汽阀门。

⑤真空蒸馏易燃物质的排气管应连接排气系统或室外高空排放，管道上要安装阻火器。

（3）加压蒸馏

①设备应严格进行气密性和耐压试验。

②应安装安全阀和温度、压力的调节控制装置，严格控制蒸馏温度与压力。

③在石油产品的蒸馏中，应将安全阀的排气管与火炬系统相接，安全阀起跳即可将物料排入火炬烧掉。

④在蒸馏易燃液体时，应注意系统的静电消除。

⑤室外蒸馏塔应安装可靠的避雷装置。

⑥蒸馏设备应经常检查、维修，认真做好开车前、开车后的系统清洗、置换工作，以避免发生事故。对易燃易爆物质的蒸馏，厂房要符合防爆要求，有足够的泄压面积，室内电机、照明等电器设备均应采用防爆产品。

（五）结晶单元安全操作要点

1．当结晶设备内存在易燃液体蒸气和空气的爆炸性混合物时，要防止产生静电，以避免火灾和爆炸事故的发生。

2．避免搅拌轴的填料函漏油。例如硝化反应时，反应器内有浓硝酸，如有润滑油漏入，则油在浓硝酸的作用下氧化发热，使反应物料温度升高，可能发生冲料和燃烧爆炸。当反应器内有强氧化剂存在时，也有类似危险。

3．对于危险易燃物料不得中途停止搅拌。因为搅拌停止时，物料不能充分混匀，反应不良，而且大量积聚；当搅拌恢复时，大量未反应的物料迅速混合，反应剧烈，往往造成冲料，有燃烧、爆炸危险。如因故障导致搅拌停止时，应立即停止加料，迅速冷却；恢复搅拌时，必须待温度平稳、反应正常后方可续加料，恢复正常操作。

4．搅拌器应定期维修，严防搅拌器断落造成物料混合不匀，最后突然反应而发生猛烈冲料，甚至爆炸起火。搅拌器应灵活，防止卡死，引起电动机升温过高而起火。搅拌器应有足够的机械强度，以防止因变形而与反应器器壁摩擦，造成事故。

（六）气体吸收单元安全操作要点

气体吸收过程中，气液逆流接触，吸收剂在高速流动中会大量汽化扩散，产生静电，有导致静电火花的危险。

1．应控制吸收剂的流量和组成。

2．应在设计限度内控制人口气流，检测其组成。

3．应控制出口气的组成。

4．应选择适于与溶质和吸收剂的混合物接触的材料。

5．应在进气口流速、组成、温度和压力的设计条件下操作。

6．应避免吸收剂蒸气排出。

7．防止气相中溶质载荷的突增、液体流速的波动等异常情况，应采用自动报警装置。

（七）干燥单元安全操作要点

1．当干燥物料中含有自燃点很低或含有其他有害杂质时必须在烘干前彻底清除掉，干燥室内也不得放置容易自燃的物质。

2．干燥室与生产车间应用防火墙隔绝，并安装良好的通风设备，电气设备应防爆或将开关安装在室外。在干燥室或干燥箱内操作时，应防止可燃的干燥物直接接触热源，以避免引起燃烧。

3．干燥易燃易爆物质，应采用蒸汽加热的真空干燥箱，当烘干结束后去除真空时一定要等到温度降低后才能放进空气；对易燃易爆物质采用流速较大的热空气干燥时，排气用的设备和电动机应采用防爆的；在用电烘箱烘烤能够蒸发易燃蒸气的物质时，电炉丝应完全封闭，箱上应加防爆门；利用烟道气直接加热可燃物时，在滚筒或干燥器上应安装防爆片，以防烟道气混入一氧化碳而引起爆炸。

4．间歇式干燥，物料大部分靠人力输送，热源采用热空气自然循环或鼓风机强制循环，温度较难控制，易造成局部过热，引起物料分解，造成火灾或爆炸，因此在干燥过程中应严格控制温度。

5．在采用洞道式、滚筒式干燥器干燥时，主要是防止机械伤害。在气流干燥、喷雾干燥、沸腾床干燥以及滚筒式干燥中，多以烟道气、热空气为干燥热源。

6．干燥过程中所产生的易燃气体和粉尘同空气混合易达到爆炸极限。在气流干燥中，物料由于迅速运动，相互激烈碰撞、摩擦，易产生静电；滚筒干燥过程中，刮刀有时和滚筒壁摩擦，产生火花，因此，应该严格控制干燥气流风速，并将设备接地；对于滚筒干燥，应适当调整刮刀与筒壁间隙，并将刮刀牢牢固定，或采用有色金属材料制造刮刀，以防产生火花。用烟道气加热的滚筒式干燥器，应注意加热均匀，不可断料，滚筒不可中途停止运转。斗口有断料或停转，应切断烟道气并通氮。干燥设备上应安装爆破片。

（八）筛分与过滤单元安全操作要点

1．在筛分可燃物时，应采取防碰撞打火和消除静电措施，防止因碰撞和静电引起粉尘爆炸和火灾事故。

2．若加压过滤时能散发易燃、易爆、有害气体，则应采用密闭过滤机，并应用压缩空气或稀有气体保持压力。取滤渣时，应先释放压力。

3．在存在火灾、爆炸危险的工艺中，不宜采用离心过滤机，宜采用转鼓式或带式等真空过滤机。如必须采用离心过滤机时，应严格控制电机安装质量，安装限速装置。注意不要选择临界速度操作。

4．离心过滤机应注意选材和焊接质量，转鼓、外壳、盖子及底座等应用韧性金属制造。操作离心过滤机时应检查：

（1）机体、端盖未变形。

（2）端盖上不得有杂物。

（3）离心机必须水平。

（4）操作按钮上不得有料。

（5）焊接部位不得开裂。

（6）机组运行时无异常声响。

（7）离心机不得异常振动。

（8）电机皮带必须松紧合适。

（9）端盖密封垫应完好。

（10）不得有跑冒滴漏现象。

（11）静电跨接应完好。

第四章　电气设备与特种设备现场安全

第一节　电气设备安全

一、变、配电站

1．变配电所应避免设置在有火灾、爆炸危险、空气污染或有剧烈震动的场所；变配电所一般采用砖结构建筑、水泥地面。

2．变配电所与其他建筑物之间有足够的安全消防通道。直观检查消防车辆应能通行、调头、转弯。

3．与爆炸危险场所、有腐蚀性场所的安全距离符合要求，一般不小于30 m。

4．地势不应低洼或有防积水措施；地面应高出周围地面150 ~ 300 mm，以防积水。

5．应设有能容纳全部变压器油量的储油池或排油设施；储油池内应填鹅卵石，排油设施应用混凝土构筑。

6．变配电所室门应向外开，并采用轻型铁门或包有铁皮的木门；高低压门应向低压室开；相邻配电室门应双向开；双向门可代替单向门。

7．门、窗、孔应装设金属网；电缆沟、隧道、进户套管应有防小动物进入和防水的措施，并用非可燃性材料作为电缆沟的盖板。

8．户外变电所的变压器周围，其固定栅栏的高度大于或等于1.7 m。变压器底部与地面之间应有大于或等于0.3 m的距离。若装有两台变压器时，两者净距需大于或等于1.5 m。

9．高压配电装置可单独设置，当高压开关柜少于4台时可将高低压配电装置布置于同一室。若单列布置，两者距离应大于或等于2 m。

10．变压器室应通风良好，通风口用水泥或金属百叶窗，而且内侧加装网孔小于或等于10 mm的金属网，以保证任何季节都能安全运行。

11．变压器室的门应上锁，并挂“高压危险”的警示牌及安全色标。

12．户内配电装置最小通道宽度：单排列的操作通道为1.5 m，维修通道为0.8 m；双排列的操作通道为2 m，维修通道为1 m。

13．发电机间出入口的门应向外开启。

14．绝缘工具（包括绝缘手套、绝缘棒、绝缘胶鞋等）齐全，定期试验，有报告和记录。

15．长度大于7 m的配电室应在配电室的两端各设一个出口。

16．变电所配电室的出（入）口处，应装设防止小动物进入的装置。

17．自备发电机房、配电室应设置消防应急照明灯具。

18．电缆沟通入变配电所、控制室的墙洞处，应填实、密封。

19．变配电室内应配备灭火器等消防器材或设施。

20．变配电室内不得有无关杂物。

二、供电系统接地

1．供电接地系统图。工厂应有全厂供电系统接地平面图和全厂电网接地系统资料，每个工房应有本工房的接地系统图。

2．接地检测。每年应对接地电阻检测一次并有记录。

3．接地线连接。接地线两端都应接地，接地线应连接可靠、防腐蚀，并有足够的机械强度或有附加保护。

（1）大接地短路电流系统：$R\leqslant 2\,000/1$，当$I>400$ A时$R\leqslant 0.5$ Ω。

（2）小接地短路电流系统：高低压设备共用时，$R\leqslant 120/1$，一般不大于10 Ω；仅用于高压设备时，$R\leqslant 250/1$，一般不大于10 Ω。

（3）低压电力系统：并联运行电气设备的总容量为100 kV · A以上时，$R\leqslant 4$ Ω；若不超过100 kV · A时，重复接地电阻$R\leqslant 10$ Ω。

（4）每一个电网系统中必须有一处工作接地；每一电网支路末端必须高于终端重复接地；对较长的支路，每1 000 m必须重复接地。

（5）重要用电入口处必须设重复接地；电网转弯处必须设一处重复接地。

三、开关电气设备

1．油开关的油位应在上限与下限之间；油色正常、无渗漏；排气管应完好无损；油开关操作灵活、准确可靠，合闸机械指示正确；故障跳闸后的油开关，应检查套管有无断裂、引线有无烧伤、油箱有无变形；油开关和隔离开关的操作机构应有可靠的联锁装置，并保证合闸时只有先合隔离开关才能合上油开关，拉闸时先拉开油开关才能拉开隔离开关；隔离开关的瓷瓶和连接拉杆应无裂纹、无放电痕迹、销子无脱落。

2．负荷开关只能用来切断和接通正常线路，其消弧装置应完好。合闸时，触头应动作一致，各相前后相差不应超过3 mm。

3．负荷开关操作机构应灵活可靠；跌落式熔断器断开后，其带电部分距地面的垂直距离在室外应大于或等于4.5 m，室内应大于或等于3 m。

4．跌落式熔断器应倾斜安装，与垂直线保持15°~30°夹角。

5．有爆炸、火灾危险及剧烈震动的场所，不能使用跌落保险。

6．所有开关的各部件应完整无损，操作机构安全可靠，并有额定电压、电流值和分合位置的标志。

四、电压互感器、电容器

1．一次、二次侧均有熔断器保护（二次侧可用自动开关）。一次侧开关断开后，其二次回路应有防止电压反馈的措施。

2．电压互感器如内部有噪声、放电声、烟味或臭味等异常情况时，应停电处理，不得用隔离开关断开故障回路，应切断上一级油开关。

3．电流互感器的二次回路导线截面为2.5 mm²，无中间接头号，连接可靠，而且不得装设开关或熔断器。

4．电容器不得装在高温、多尘、潮湿及有易爆易燃和腐蚀性气体的场所。

5．当电容器外壳严重漏油、鼓肚、瓷套管严重放电、闪络响声或严重过热时，应立即退出运行。

6．电容器室应有温度指标，室温不得超过40℃，否则应装机械通风。电容器外壳温度不超过60℃。

7．运行中的电容器组，三相电流应保持平衡，相间不平衡电流不应大于5%。

8．电容器组应有欠压保护，当母线电压低到额定值的60%左右时能从电网中自动切除。

9．户外落地安装的电容器，下层电容器低部距地面应大于或等于0.4 m，地面应有防潮措施，四周应设网孔不大于20 mm×20 mm网状遮栏，高度大于或等于1.7 m。电容器室应通风良好，进风窗应装网孔不大于10 mm×10 mm的钢网。

10．电容器应有可靠的短路保持装置和超负荷装置；电容组应装放电回路。禁止带电荷合闸。电容器停止运行后，至少放电3分钟方可再次合闸。

五、电动机

1．运行参数。

电动机的电压、电流、频率、温升等运行参数应符合要求。

2．电动机的各项绝缘指标应符合要求，应定期进行绝缘检查。

3．电动机的保护应当齐全。

（1）用熔断器保护时，熔体额定电流应取为异步电动机额定电流的1.5倍（减压启动）或2.5倍（全压启动）。

（2）用热继电器保护时，热元件的电流不应大于电动机的额定电流的1.1～1.25倍。

（3）电动机最好有失压保护装置，重要的电动机应装设缺相保护单元。

（4）电动机的外壳应根据电网的运行方式可靠接零或接地。

4．定期维护和及时维修。

（1）电动机应定期进行检修和保养工作。日常检修工作包括清除外部灰尘和油污，检查轴承并换补润滑油，检查润滑油、滑环和整流子并更换电刷，检查接地（零）线，紧固各螺丝，检查引出线连接和绝缘，检查绝缘电阻等。

（2）启动设备应与电动机同时检修。交流电动机大修后的试验项目包括测量各部位的绝缘电阻，500 kW以上的电动机测量吸收比，定子绕组和绕线式转子绕组进行交流耐压试验（40 kW以下只用摇表测绝缘电阻），定子绕组进行极性测定、空载试验，高压500 kW以上者进行直流耐压试验。

5．电动机应保持主体完整、零附件齐全、无损坏并保持清洁。

6．除原始技术资料外，还应建立电动机运行记录、试验记录、检修记录等资料。

六、移动电具和低压电器

1．绝缘电阻不应小于2 MΩ，引线和插头应完整无损。

2．引线必须用三芯（单相电具）、四芯（三相电具）坚韧橡皮线或塑料护套软线，截面至少0.5 mm^2，引线不得有接头，不宜过长，一般不超过5 m。

3．所有移动电具宜装漏电动作电流小于或等于30 mA、动作时间不大于0.1秒的漏电保安器。

4．36 V以下的低电压线路装置应整齐清楚，所有的插座必须为专用插座。

5．所有灯具、开关、插销应适应环境的需要，如在特别潮湿、有腐蚀性蒸气和气体、有易燃易爆的场所和户外等处，应分别采用合适的防潮、防爆、防雨的灯具和开关。

6．局部照明及移动式手提灯工作电压应按其工作环境选择适当的安全电压。机床或钳工台上的照明灯应用36 V及以下的低电压；锅炉、蒸发器和其他金属容器内的行灯电压不允许超过12 V。

7．低压灯的导线和电具绝缘强度不低于交流250 V；插座或开关应完整无损，安装牢固，外壳或罩盖应完好，操作灵活，接头可靠；露天的灯具、开关应采用防雨式，安装必须牢固可靠。

七、临时电源线

1．易燃易爆场所严禁接临时线。

2．不乱拉、乱接临时线、临时灯，生产需要应办理临时线申请手续，定期检查，过期拆除。

3．临时线为绝缘良好的橡皮线，悬空和沿墙敷设。架设时户内离地高度不得低于2.5 m，户外不得低于4.5 m，跨越道路时应大于6 m。

4．临时线与设备、水管、热水管、门窗等距离应在0.3 m以外。

5．临时线保护接地线应可靠。

6．临时线路应设一总开关，每一分路应设置与负荷相匹配的熔断器。

7．临时线必须绝缘良好，导线截面应与负荷匹配。

八、架空线及户内外布线

1．导线截面必须满足机械强度的要求。导线的线距与周围设施的距离、过路时对地高度应符合有关规定。

2．架空线严禁跨越易燃建筑的屋顶。

3．拉线要装在架设导线反方向的着力点上或线路不平衡张力合力的作用点上。拉线与线路的方向应对正。角度拉线应与线路的分角线对正。防风拉线与线路垂直。

4．电杆与拉线的夹角不小于45°，受环境限制时应不小于30°。

5．不同线路共杆时，低压线在高压线下方，对10 kV的直线杆两端间距不小于1 m。通信广播线路在低压线路下方，其间距不小于1.5 m。低压线路多层排列，直线杆层间距离不得小于0.6 m，相邻导线间距不小于0.4 m，分支或转角不小于0.3 m。

6．三相四线供电系统中零线截面不小于该线路相线截面的一半，而且不小于最小允许截面，单相制的零线截面与相线截面相同。

7．不同电压、不同频率的导线不允许穿入同一金属管内（同一设备和同一机组所有回路电压在66 V以下，三相四线制照明回线除外）。

8．金属管布线时，管内及管口须光滑无毛刺，布线时注意不得损坏绝缘层，并可靠接零或接地。

9．电缆对地面和建筑物的最小允许距离：

（1）直埋电缆的埋置深度（由地面至电缆外皮）1～35 kV为0.7 m。

（2）电缆外皮与建筑物的地下基础为0.6 m。

10．电缆相互接近时的最小净距：

（1）10 kV以下电缆之间为0.1 m，10～35 kV应不小于0.25 m。

（2）不同部门使用的电缆，包括通信电缆，相互间为0.5 m。

11．电缆与地下管道间接近和交叉的最小允许距离：

（1）电缆与热力管道接近时的净距为2 m，交叉时为0.5 m。

（2）电缆与其他管道接近或交叉时的净距为0.5 m。

12．电缆相互交叉时的净距为0.5 m。

13．铠装电缆或铅包、铝包电缆的金属外皮在两端应可靠接地，接地电阻应不大于10 Ω；电缆穿越路面和建筑物及引出地面高度在2 m以下的部分均应穿在保护管内，保护管内径应不小于电缆外径的1.5倍；敷设电缆的地面应装设走向标志，以利于运行和检修。

14．户内、外明线装置的导线，穿过墙壁应用瓷管、钢管或塑料保护，穿过楼板应用钢管或硬塑料管保护。通向户外的塑管应一线一管。在两条线路交叉时，贴近敷设面的一条线路的导线上应套绝缘管。

九、防雷和接地保护

1．装有避雷针的建筑物上严禁架设低压线、通信线和广播线。

2．避雷针的安装应满足机械强度和耐腐蚀的要求。避雷针宜用直径不小于25 mm、壁厚不小于2.75 mm的钢管或直径不小于20 mm的圆钢，并镀锌。

3．避雷针连线应用截面大于或等于35 mm^2的镀锌钢纹线。

4．避雷带或避雷网宜用镀锌钢材。圆钢最小直径为8 mm，扁钢厚度不小于4 mm，截面不小于60 mm^2。

5．阀形避雷器应垂直安装，其密封良好，瓷件封口及胶合处无破裂，轻摇其内部无不正常响声。拉地引下线如为铜线，应大于或等于16 mm^2；如为铝线，应大于或等于25 mm^2。

6．防雷装置应定期进行检查和预防性试验，接闪器及引下线等如腐蚀30%以上应更换。

7．中性点不直接接地的三相三线供电系统应采用接地保护。

8．中性点接地的三相四线制供电系统应采用接零保护，变压器中性点工作接地，架空分支线和干线沿线每公里及终端处应重复接地。

9．接零保护的低压供电系统中电缆和架空线引入的配电柜处应重复接地。不许在零线上装设熔断器和开关。

10．同一低压供电系统中，不应一部分设备外壳接零，另一部分接地保护。

11．凡因绝缘破坏而可能带有危险电压的电气设备及电气装置，其金属外壳和框架应可靠接地，接地电阻小于或等于4 Ω。

12．接地体应镀锌，其截面应符合下列规定。

（1）防雷接地体最小截面：圆钢直径10 mm；角钢50 mm × 50 mm × 5 mm；扁钢厚4 mm，截面100 mm^2；钢管厚3.5 mm，直径50 mm。

（2）一般接地体最小截面：圆钢直径8 mm；角钢厚4 mm；扁钢厚4 mm，截面48 mm^2；钢管厚3.5 mm^2。

（3）一般接地装置的接地干线最小截面：圆钢直径6 mm；角钢厚3 mm；扁

钢截面24 mm^2。

13. 工艺装置内露天布置的塔、容器等，当顶板厚度等于或大于4 mm时可不设避雷针、线保护，但必须设防雷接地。

14. 可燃气体、液化烃、可燃液体的钢罐必须设防雷接地，并应符合下列规定：

（1）甲B、乙类可燃液体地上固定顶罐，当顶板厚度小于4 mm时，应装设避雷针、线，其保护范围应包括整个储罐。

（2）丙类液体储罐可不设避雷针、线，但应设防感应雷接地。

（3）浮顶罐及内浮顶罐可不设避雷针、线，但应将浮顶与罐体用两根截面不小于25 mm^{2}的软铜线做电气连接。

（4）压力储罐不设避雷针、线，但应接地。

15. 可燃液体储罐的温度、液位等测量装置应采用铠装电缆或钢管配线，电缆外皮或配线钢管与罐体应做电气连接。

16. 凸出屋面的放散管、风管、烟囱等物体，其防雷保护应符合下列要求：

（1）金属物体可不装接闪器，但应和屋面防雷装置相连。

（2）在屋面接闪器保护范围之外的非金属物体应装接闪器，并和屋面防雷装置相连。

17. 防雷和接地装置必须定期经专业部门检测合格，并在检测有效期内。

十、静电

1. 要有效降低爆炸性混合物的浓度。采用通风装置或抽气装置及时排出爆炸性混合物。

2. 减少氧化剂含量，充填氮、二氧化碳或其他不活泼的气体以减少爆炸性气体混合物中氧的含量。

3. 在存在摩擦且容易产生静电的场合，生产设备宜于配备与生产物料相同的材料或采用位于静电序列中段的金属材料制成生产设备，以减轻静电的危害。

4. 选用导电性较好的材料可限制静电的产生和积累。

5. 在有静电危险的场所，工作人员不应穿着丝绸、人造纤维或其他高绝缘衣料制作的衣服，以免产生危险静电。

6．降低摩擦速度或流速等工艺参数可限制静电的产生。

7．设法增强静电的消散过程，可消除静电的危害。如在输送工艺过程中，在管道的末端加装一个直径较大的松弛容器，可大大降低液体在管道内流动时积累的静电。

8．为了防止静电放电，在液体灌装、循环或搅拌过程中不得进行取样、检测或测温操作。进行上述操作前，应使液体静置一定的时间，使静电得到足够的消散或松弛。

9．接地是消除静电危害最常见的方法，它主要是消除导体上的静电。金属导体应直接接地。

10．绝缘体禁止接地。对于产生和积累静电的高绝缘材料，若经导体直接接地，则相当于把大地电位引向带电的绝缘体，有可能反而增加火花放电的危险性。

11．增湿的方法不宜用于消除高温环境里的绝缘体上的静电。

12．对爆炸、火灾危险场所内可能产生静电危险的设备和管道，均应采取静电接地措施。

13．在聚烯烃树脂处理系统、输送系统和料仓区应设置静电接地系统，不得出现不接地的孤立导体。

14．可燃气体、液化烃、可燃液体、可燃固体的管道在下列部位应设静电接地设施：

（1）进出装置或设施处。

（2）爆炸危险场所的边界。

（3）管道泵及泵入口永久过滤器、缓冲器等。

15．可燃液体、液化烃的装卸栈台均应做电气连接并接地。

16．汽车罐车和装卸栈台应设静电专用接地线。

17．每组专设的静电接地体的接地电阻值宜小于100 Ω。

18．除第一类防雷系统的独立避雷针装置的接地体外，其他用途的接地体均可用于静电接地。

19．易产生静电的管道上阀门和法兰等要进行静电跨接。

十一、防爆电气设备

1．防爆电气设备型号、防爆等级应满足使用环境危险物质类别与等级，其周围环境应清洁，无妨障设备安全运行的杂物。

2. 防爆电气设备固定应牢固可靠，设备外壳应完整、无裂纹及明显的腐蚀痕迹。

3. 各部螺丝及垫圈应齐全、无松动。

4. 防爆电气设备的进线装置应牢固可靠，密封完好，接线无松动、脱落现象，多余的进线口应密封。防爆电器盒的连接螺丝应上全、上紧。

5. 防爆电气设备的接地线应牢固可靠，无腐蚀、折断现象，铠装电缆的外绕钢带无断裂，应可靠连接。

6. 防爆电气设备上的联锁装置应完整，动作应可靠。

7. 充油型防爆设备油面应低于油面线。正压型防爆设备气源不应含有爆炸性混合物；风压应符合要求。

8. 危险场所临时线路及设备应符合防爆要求。

9. 防爆电气设备运行情况应正常，运行参数（电流、电压、压力、温度等）应符合规定。

10. 引入洞库的电源线应采用四联开关，不工作时应同时切断相线和保护零线。

11. 接线盒、进线装置、隔离密封盒、挠性连接管等设备应符合防爆要求。

12. 电机、电器、仪表以及设备本体的外壳腐蚀程度、紧固螺丝的防松装置、联锁装置应完好。

13. 充电型防爆电器的油面指示器、排油装置及气体泄放孔内部应完好、畅通、不漏油，安装应正确（倾斜度≤5°）。

14. 正压型防爆设备内部各处风压或气压应满足规定指标，压力继电器报警系统反应应灵敏。

15. 电缆或钢管配线不应有松动、脱落、损坏、腐蚀等现象。

16. 通信、自动化线路在洞口应有切断装置。

17. 防爆电气设备接零、接地和重复接地符合要求，如接地连接应可靠、接地体设置应符合规定要求、无锈蚀、接地电阻应合格。

18. 防爆电气安全管理规定应健全、落实。

19. 应建立防爆电气设备技术档案及检修记录。

20. 应落实防爆安全技术考核制度。

21. 防爆接线 8 盒螺丝应上全、上实。

22. 电动机的进线口应装设防爆挠性连接管。

23．在爆炸性环境内，应采用低压流体输送用镀锌焊接钢管配线。

24．在爆炸性环境内，应设置防爆插销作为检修电源。

25．防爆区域内的所有电器必须全部是防爆型。

十二、其他电气安全要求

1．不得单独进行设备巡视，巡视只准在高压设备遮栏外。也不准在变压器高压下面行走。

2．电气设备检修必须采取停电验电，确认无电并进行放电和接地。装遮栏及悬挂安全标示牌。

3．电气设备运行或检修应按规定穿戴绝缘鞋和绝缘手套、防护眼镜，使用绝缘垫及绝缘工具。

4．电气检修应实行监护制，一人操作，一人监护。

5．事故停电时，未采取安全措施不许进入遮栏和触及设备的导电部分。

6．当发生人身触电和火灾事故时，立即切断电源，进行抢救。

7．电气安全工具应配备齐全，并定期试验，按规定合格使用，用后应妥善保管。

8．严格遵守电气安全操作规程，倒闸操作票和检修工作票制度，工作许可制度，工作监护制度，工作间断、终结制度，交接班制度和消防、设备管理制度及出入制度等。

9．低压设备带电工作应设专人监护，相邻相的带电部分应用绝缘板隔开。禁用锉刀和金属尺等工具。

10．外线电工遇有6级以上大风、大雨、雷电等情况，严禁登杆作业和倒闸操作。

11．室内应配有二氧化碳、四氯化碳、干粉灭火器或沙箱，操作者对其应能熟悉使用。

第二节　特种设备安全

一、锅炉安全要点

1．锅炉

应有锅炉总图、安装图和主要受压部件图，受压元件强度的计算；质量证明书；锅炉安装说明和使用说明；铭牌等技术资料和锅炉设备使用登记证。操作人员应持证上岗。

2. 锅筒

（1）受压元件不得有凹陷、弯曲、鼓包和过热。

（2）锅筒筒体向火面，焊缝、管板板边处应无裂纹、腐蚀、凹陷、鼓包和过热。

（3）胀口严密，无环形裂纹。

（4）锅炉的拉撑及其与被拉元件的结合处应无脱焊、断裂和腐蚀。

3. 安全阀

（1）蒸发量大于0.5 t/h的锅炉，至少装设两个安全阀；蒸发量小于或等于0.5 t/h的锅炉，至少装一个安全阀。

（2）安全阀垂直装于筒体和集箱最高处，开启正确，有校验标志。

（3）省煤器、蒸汽过热器出口、再热器进口和出口及直流锅炉的启动分离器，都必须装设安全阀。

（4）安全阀与锅筒之间或安全阀与集箱之间，禁装蒸汽的出汽管和阀门。

（5）省煤器出口的安全阀，应装有通向安全地点的排水管，在排水管上禁止装阀门。

（6）锅炉工作压力小于0.8 MPa时，锅筒和过热器上安全阀的开启压力分别为工作压力加0.05 MPa和0.03 MPa。

（7）数个安全阀如共同装置在一个与锅炉直接连接的短管上，则短管的通路截面积应不小于所有安全阀截面积之和。

（8）省煤器安全阀的开启压力为装置地点工作压力的1.1倍。

（9）运行锅炉的安全阀应不漏气，每年至少检校一次。

4. 压力表

（1）每台锅炉必须装有与锅筒蒸汽直接相连接的压力表；省煤器出口处应装有压力表。

（2）压力表精确度不应低于2.5级，最大量程应为工作压力的1.5 ~ 3.0倍。

（3）压力表表盘直径应不小于100 mm。

（4）压力表和存水弯管之间应装有三通旋塞。

（5）压力表表面明亮、清楚，表盘有最大工作压力警界红线。

（6）压力表安装后，每半年校验一次，并有铅封。

5. 水位表

（1）水位表彼此独立，玻璃管清楚，高低位标志明显。最高最低安全水位离水位表的可见边缘至少为25 mm。

（2）水位计有罩，有放水旋塞和放水管。

（3）水位表应装在便于观察、冲洗的位置，并有良好照明。

（4）蒸发量大于或等于2 t/h时，应装有高低水位报警及低水位联锁保护装置。

6. 温度仪表

必须齐全完整，正确有效。

7. 自动控制讯号装置

应齐全有效，灵敏可靠。

8. 水处理

（1）水处理要用单级钠离子交换系统作为炉外化学水处理措施，或采用炉内加药处理。

（2）必须保证锅炉无垢或薄垢。

（3）给水必须进行水质化验，并符合相关规定。

9. 给水系统

（1）锅炉须备有两套给水设备，水压保持正常，水泵总流量应为所需水量的110%以上，而且有压力表，自动给水高速装置应灵敏可靠。

（2）通向锅筒的给水管上应装给水止回阀和截止阀，而且严密不漏。

（3）给水设备所有阀门应密封良好，严密不漏。

10. 省煤器

（1）省煤器进口处应装给水止回阀、给水截止阀和温度计插座。

（2）省煤器出口处应装压力表、安全阀、空气阀和温度计。

（3）应有不经省煤器烟道的烟气侧通和直接通向锅筒的给水旁通，或在省煤器出口处装设通往水箱的循环管。

（4）省煤器装在上、下烟室之间，应严密不漏风。

（5）旁通烟道下部应设有清灰孔。

11. 过热器

（1）对垂直式过热器，在点火时应控制过热器热负荷不至过大，并不断地把管子内积存的水和空气排出，以免把管子烧坏。

（2）过热器应用无缝钢管制造，其出口集箱或管道上，应装有安全阀、主汽阀、空气阀、疏水阀、压力表和温度表。

12. 空气预热器

（1）空气预热器的管箱进口处应装防磨套管。

（2）管板上相邻的最小间隔应大于或等于10 mm。

（3）预热器应有隔板。

13. 加煤斗

（1）应经常检查和疏通煤斗。

（2）煤闸门升降灵活，上部应有盖板。

（3）煤闸门冷却水应保持畅通，门框内耐火混凝土完好。

14. 链条炉排

（1）炉排应采用分段送风，每段风室的外进风道应有调节挡板，开关灵活自如，“开”“关”标志明显。

（2）链轮轴和后转动轴线平行，以防炉排跑偏。

（3）机械传动装置完好，并符合安全要求，过载保护动作灵活可靠。

15. 砌炉墙及烟墙

（1）砌筑砖衬接缝应严密。

（2）炉墙内衬在垂直和水平方向均应留出膨胀缝，并嵌填石棉绳。

（3）烟墙要密封。

16. 排污阀

（1）蒸发量大于或等于1 t/h或工作压力大于或等于0.7 MPa的锅炉，应装两个串联的排污阀（快、慢各一）。

（2）锅筒每组水冷壁下集箱的最低处都应装排污阀，无渗漏且有效。

（3）排污管道应平直，尽量减少弯头，保证排污畅通，并接至室外安全地点或排污膨胀箱。采用有压力的排污膨胀箱时，箱上应装安全阀。

17. 检查门

（1）圆形门孔直径不得小于450 mm。

（2）门盖内壁应敷设绝缘材料。

（3）检查门启用自如，并有坚固门闩。

18. 炉门及炉排

（1）炉门应有启闭自如的门闩，有隔热式手柄，门盖内有绝缘垫板，门盖上应有看火孔。

（2）炉排透风缝隙的布置方向应有利于疏通灰层。

（3）炉门圈不小于280 mm × 380 mm，下缘应覆盖耐热铸铁炉衬。

（4）炉排上螺栓应紧固。

19. 输煤系统

（1）露天煤场应搭有煤棚。

（2）储煤斗和溜煤管的内壁光滑，侧壁倾角不宜小于60°，敞口处设栅栏和扶梯。

（3）用带式运输机输煤走廊的倾角小于12°时通道应有防滑措施，大于或等于12°时应设置踏步，输煤带式输送机的下部应设封底。

20. 除尘及废水排放

（1）要定期排除灰斗积灰，防堵，并确保除尘效果。

（2）应综合利用积灰，防止二次污染。

（3）保持除尘器不漏风，根据锅炉出口烟尘浓度选择除尘器，保证除尘浓度符合要求。

（4）排出的含酸废水须处理，符合要求后方可排放。

21. 锅炉房

（1）锅炉房为一、二级耐火等级建筑，若蒸发量小于4 t/h可采用三级耐火等级建筑，轻质屋顶。

（2）锅炉房墙壁与锅炉护墙间隙应小于70 mm。

（3）锅炉房防火通道应大于3.5 m。

（4）砖砌和钢筋混凝土烟囱应装设避雷针，接地电阻小于10 Ω。

（5）必须备有泡沫灭火机、防火砂、灭火给水点。

（6）锅炉房四周30 m内不得有易燃建筑物和堆放可燃物。

（7）锅炉房内操纵地点及水位表、压力表、温度计、控制箱等处要有足够照明。

（8）检验用照明灯电压小于12 V，在较干燥烟道内有妥善安全措施，应采用不高于36 V的供电电压。

（9）固定式照明距地面或平台工作面小于2.4 m时，应用小于36 V电压。

（10）电气设备符合安全要求，接地电阻小于或等于4 Ω。

（11）应备有事故照明。

（12）各种机械或皮带传动以及吸风口，都要有防护罩。

22. 管道

（1）管道应沿墙和柱子敷设。

（2）管道与通到地面的净空高度不小于2 m。

（3）管道最低点应装设疏水阀。

（4）疏水管、锅炉排污管等管道的排放口应引至安全地点，冬天要保温。

（5）管道的接口和阀门无“跑、冒、滴、漏”现象。

（6）管道表面或其保温层应按规定要求涂底色和色环，并有显示箭头表示流向。

二、导热油炉安全要点

1. 导热油炉在运行前，操作人员应做好准备工作，检查供热系统所有阀门开关，应处在工作位置，检查高位储油罐、低位储油罐液位应正常，对导热油炉体、鼓风机、引风机、循环泵进行全面检查，正常方可开机。

2. 导热油炉无论是在备用或者工作状态，都要保证高位储油罐导热油在高液位、低位储油罐导热油在低液位，在工作中如遇到特殊情况，可打开冷油置换阀，供炉体紧急降温之用。

3. 司炉人员必须经常对油炉运行情况巡视检查，并做好有关记录。如发现异常情况，应及时报告主管领导，进行处理。

4. 在操作过程中，如遇到外部供电故障突然停电等紧急情况，首先通知有关领导并立即采取措施。切断外部供电线路，启用自备柴油发电机进行供电，不必进行炉体降温。如果属于控制线路等故障停电时间较长，超过10分钟，必须采取紧急措施进行炉体降温，必须立即关闭炉体入口的回油阀和出口的出油阀，打开冷油置换出口阀和冷油置换进口阀，进行炉体降温（在此过程必须注意低位储油罐的液位，防止导热油溢出事故），同时采用湿煤压火或者清除燃煤。

停炉时，导热油温度必须降至100℃以下，循环泵方可停止运行。下班前必须检查，应关闭好各种阀门，管道、电气开关确认安全后，方可离开。

5. 压差、压力表指示不稳定时，不得投入使用。

6. 水冷却循环泵运行时，冷却水不得中断。

7. 正常工作时，高位槽内导热油应保持高液位，储油槽的导热油处于低液位。

8. 定期检修各种阀门，防止泄漏，定期给运行机械加润滑油。

9. 导热油出口温度不得超过工作温度，升温速度按升温曲线进行，不得陡然升温或者降温。

10. 启动鼓风机前，必须先开引风机，停止引风机前先停鼓风机。

11. 不符合标准要求的燃煤，不得加入炉膛，紧急停炉时，不得用水浇灌。

12. 运行中循环泵出现故障时，应立即启动备用循环泵工作。反应锅暂时不需要加温或仅需部分供热时，可打开旁路回油阀，同时减少燃煤量和鼓风量。

13. 如果突然停电或者线路故障，循环泵不能运转时，打开冷油置换阀，让冷油流入炉内，回到储油罐。紧急停炉时，停止加煤和鼓风，清除燃煤，采取灭火措施。

14. 导热油炉启动时应先启动循环泵，运转正常后再点火，停机时，必须先停火，待油温降到100℃以下时，才能停止循环泵。

三、起重机械安全要点

1. 钢丝绳

（1）钢丝表面磨损量和腐蚀量不应超过原直径的40%（吊运炽热金属或危险品的钢丝绳，其断丝的报废标准取一般起重机的1/2）。

（2）钢丝绳应无扭结、死角、硬弯、塑性变形、麻芯脱出等严重变形，润滑状况良好。

（3）钢丝绳长度必须保证吊钩降到最低位置（含地坑）时余留在卷筒上的钢丝绳不少于3圈。

（4）钢丝绳末端固定压板应≥2个。

2. 滑轮

（1）滑轮转动灵活、光洁平滑无裂纹，轮缘部分无缺损、无损伤钢丝绳的缺陷。

（2）轮槽不均匀磨损量达3 mm，或壁厚磨损量达原壁厚的20%，或轮槽底部直径减小量达钢丝绳直径的50%时，滑轮应报废。

（3）滑轮护罩应安装牢固，无损坏或明显变形。

3. 吊钩

（1）表面应光洁，无破口、锐角等缺陷。吊钩上的缺陷不允许补焊。

（2）吊钩应转动灵活，定位螺栓、开口销等必须紧固完好。

（3）吊钩下部的危险断面和钩尾螺纹部分的退刀槽断面严禁有裂纹。

（4）危险断面的磨损量不应超过原尺寸的10%，板钩衬套磨损量不应超过原尺寸的50%，心轴磨损量不应超过原尺寸的5%。

4. 制动器

（1）动作灵活、可靠，调整应松紧适度，无裂纹，弹簧无塑性变形、无端边。

（2）制动轮松开时，制动闸瓦与制动轮各处间隙应基本相等。制动带最大开度（单侧）应≤1 mm，升降机应≤0.7 mm。

（3）制动轮的制动摩擦面不得有妨碍制动性能的缺陷，不得沾涂油污、油漆。

（4）轮面凹凸不平度应<1.5 mm，起升、变幅机构制动轮轮缘厚度磨损量应小于原厚度的40%，其他机构制动轮轮缘磨损厚度小于原厚度的50%。

（5）吊运炽热金属、易燃易爆危险品或发生溜钩后有可能导致重大危险或损失的起重机，其升降机构应装设两套制动器。

5. 限位限量及联锁装置

（1）起重机应装上升、下降极限位置限位器。过卷扬限位器应保证吊钩上升到极限位置时能自动切断电源。

（2）运行机构应装设行程限位器和防碰撞装置。

（3）升降机（或电梯）的吊笼（轿厢）越过上下端站30 ~ 100 mm时，越程开关应切断控制电路；当越过端站层位置130 ~ 250 mm时，极限开关应切断主电源并不能自动复位。极限开关不许选用闸刀开关。

（4）变幅类型的起重机应安装最大、最小幅度防止臂架前倾或后倾的限制装置。当幅度达到最大或最小极限时，吊臂根部应触及限位开关，切断电源。

（5）桥式起重机驾驶室门外、通向桥架的入口以及起重机两侧的端梁门上应安装门舱连锁保护装置；升降机（或电梯）的层门必须装有机械电气连锁装置，轿门应装电气连锁装置；载人电梯轿厢顶部安全舱门必须装连锁保护装置；载人电梯轿门应装动作灵敏的安全触板。

（6）露天作业的起重机械，各类限位限量开关与连锁的电气部分应有防雨雪措施。

6. 停车保护装置

（1）各种开关接触良好、动作可靠、操作方便，在紧急情况下可迅速切断电源（地面操作的电葫芦按钮盒也应装紧停开关）。

（2）起重机大、小车运行机构，轨道终端立柱四端的侧面，升降机的行程底部极限位置，均应安装缓冲器。

（3）各类缓冲器应安装牢固。采用橡胶缓冲器，小车的厚度为50～60 mm，大车为100～200 mm。

（4）轨道终端止挡器应能承受起重机在满负荷运行时的冲击。起重机应安装超载限制器及超速和失控保护装置。

（5）桥式起重机零位保护应完好。

7. 信号与照明

（1）除地面操作的电动葫芦外，其余各类起重机、升降机（含电梯）均应安装音响信号装置，载人电梯应设音响报警装置。

（2）起重机主滑线三相都应设指示灯，颜色为黄色、绿色、红色。当轨长>50 m时，滑线两端应设指示灯，在电源主闸刀下方应设司机室送电指示灯。

（3）起重机驾驶室照明应采用24 V和36 V安全电压。

（4）照明电源应为独立电源。

8. PE线与电气设备

（1）起重机供电宜采用TN–S或TN–C–S系统，起重机轨道应与PE线紧密相连。

（2）起重机上各种电气设备设施的金属外壳应与整机金属结构有良好的连接，否则应增设连接线。

（3）起重机轨道应采用重复接地措施，轨长大于150 m时应在轨道对角线设置两处接地，但在距工作地点≤50 m内已有电网重复接地时可不要求。

（4）起重机2条轨道之间应用连接线牢固相连。同端轨道的连接处应用跨接线焊接（钢梁架上的轨道除外）。连接线、跨接线的截面要求：圆钢≥30 mm^2（φ6～φ8 mm），扁钢≥150 mm^2（3 mm × 50 mm或4 mm × 40 mm）。

（5）升降机的PE线应直接接到机房的总地线上，不许串联。

（6）电气设备与线路的安装符合规范要求，无老化、无破损、无电气裸点、无临时线。

9. 防护罩、护栏、护板

（1）起重机上外露的、有伤人可能的活动零部件，如联轴器、链轮与链条、传动带、皮带轮、凸出的销键等，均应安装防护罩。

（2）起重机上有可能造成人员坠落的外侧均应装设防护栏杆，护栏高度应≥1050 mm，立柱间距应≤100 mm，横杆间距为350 mm，底部围板高70 mm（踢脚板）。

（3）桥式起重机大车滑线端梁下应设置滑线护板，防止吊索具触及（已采用安全封闭的安全滑触线的除外）。

（4）起重机车轮前沿应装设扫轨板，距轨面≤10 mm。

（5）起重机走道板应采用厚度≥4 mm的花纹钢板焊接，不应有曲翘、扭斜、严重腐蚀、脱焊现象。室内不应留有预留孔，如有小物体坠落可能时，孔径应≤50 mm。

10. 防雨罩、锚定装置

露天起重机的夹轨钳或锚定装置应灵活可靠，电气控制部位应有防雨罩。走道板应留若干直径50 mm的排水孔。

11. 安全标志、消防器材

（1）应在醒目位置挂有额定起重量的吨位标示牌。流动式起重机的外伸支腿，起重臂端、回转的配重、吊钩滑轮的侧板等，应涂以安全标志色。

（2）驾驶室、电梯机房应配备小型干粉灭火器，在有效期内使用，放置位置安全可靠。

12. 吊索具

（1）吊索具应有若干个点位集中存放，并有专人管理和维护保养。存放点有选用规格与对应载荷的标签。

（2）捆扎钢丝绳的琵琶头的穿插长度为绳径的15倍，而且不小于300 mm。

（3）夹具、卡具、扁担、链条应无裂纹、无塑性变形和超标磨损。

四、厂内机动车辆（含叉车、搬运车）安全要点

1. 离合器分离彻底，结合平稳可靠，无异常声响。

2. 转向装置调整适当，操作方便、灵活、可靠。

3．燃油、机油箱无渗油。

4．手脚制动调整适当，制动距离符合要求。车辆不得跑偏，制动距离在2 m以内。

5．仪表、照明、信号及各附属装置安全性能良好。大灯、前后转向灯、刹车灯必须完好。0.5 t以上有篷的机动车辆还应装设后视镜和雨刷。

6．企业应每年定期接受当地质检部门对机动车辆进行的年检，应建立年检制度，应有年检记录。

7．要有厂内机动车辆管理制度。

8．严禁超速行驶，可以加装限速器，不得急转弯，要在有可视盲区的转弯处设置可视凸镜。严禁无证驾驶，且作业证应在有效期内。

9．车辆运行时要有声光警报，最好设置车辆专用车道。

10．叉车不得用于吊装作业。

五、压力容器安全要点

1．压力容器操作人员的安全教育与持证上岗情况检查

（1）必须持有效证件上岗。

（2）特种作业证按期复审。

（3）操作人员经常接受安全教育。

2．压力容器情况检查

（1）新投用压力容器必须有使用许可证，容器上应有明显的Ⅰ、Ⅱ、Ⅲ类容器标识。

（2）压力容器周期检验情况检查：安全状况等级为1～2级的，每隔6年至少检验1次；安全状况等级为3级的，每隔3年至少检验1次。

3．压力容器本体状况安全检查

（1）简体、人孔、手孔、封头（端盖）等处无泄漏。

（2）外表面无腐蚀严重现象。

（3）法兰、接管连接处应无跑、冒、滴、漏现象。

（4）本体垂直安装在基础面上，不得倾斜。

（5）支架应牢固，不得有活动现象。

（6）易燃易爆罐体应有可靠接地装置。

4. 压力容器与外部连接安全检查

（1）容器与连接管道、构件间应无异常振动、响声、摩擦。

（2）易燃物料的连接管道应有防静电跨接，安全色标应正确。

（3）与外部管道连接处不得有松动、错位现象。

5. 安全附件安全检查

（1）直读式的液位计其液位应当显示清楚，便于观察，而且最高、最低液位有明显标志，防止假液位现象。

（2）安全阀的安装位置应在容器的顶部位置。

（3）安全阀应每年检验一次，铅封应完好，记录应齐全，应有安全阀台账。

（4）安全阀开启压力不得大于设计压力，但应大于最高工作压力。

（5）安全阀出口应引至安全地点，无泄漏、锈蚀。

（6）压力表极限刻度值为工作压力的1.5～3倍，最好为2倍，表盘直径不小于100 mm，压力表的精度符合规定，经校验并在有效期内。

（7）在压力表和压力容器之间装设三通旋塞或者针形阀，而且有开启标记及锁紧装置；用于水蒸气介质的压力表应装有存水弯管。

（8）同一系统上的各压力表的读数应一致。

（9）低压容器压力表精度不低于2.5级，中高压容器压力表精度不低于1.6级。

（10）压力表表盘玻璃完好、刻度清晰、完好运行。

（11）按规定装设温度计，温度计完好、灵敏可靠。

6. 运行安全检查

（1）设备的运行参数，包括压力、温度等在允许范围内，不存在超压、超温运行。

（2）所运行仪器仪表运行参数正常，DCS数据与直读水位表、压力表等一致。

（3）运行记录上的各项参数记录与实际一致，在允许的范围内。

（4）检修时，必须卸完所有压力，温度到常温时，方可更换附件及维修。

（5）危险区域有醒目的安全警示标牌。

六、压力管道安全要点

1. 压力管道的巡回检查应和机械设备一并进行。

2. 机械和设备出口的工艺参数不得超过压力管道设计或缺陷评定后的许用

工艺参数，压力管道严禁在超温、超压、强腐蚀和强振动条件下运行。

3. 检查管道、管件、阀门和紧固件，应无严重腐蚀、泄漏、变形、移位和破裂，并检查保温层的完好程度。

4. 管道应无强烈振动，管与管、管与相邻件应无摩擦，管卡、吊架和支承应无松动或断裂。

5. 管内应无异物撞击或摩擦的声响。

6. 安全附件、指示仪表应无异常，发现缺陷及时报告，妥善处理，必要时停机处理。

7. 对生产流程的重要部位的压力管道，穿越公路、桥梁、铁路、河流、居民点的压力管道，输送易燃、易爆、有毒和腐蚀性介质的压力管道，工作条件苛刻的管道，存在交变载荷的管道，应重点进行维护和检查。

8. 压力管道严禁下列作业：

（1）利用压力管道作电焊机的接地线或吊装重物受力点。

（2）压力管道运行中严禁带压紧固或拆卸螺栓。开停车有热紧要求者，应按设计规定热紧处理。

（3）带压补焊作业。

（4）热管线裸露运行。

9. 压力管道每年至少进行一次在线检测。

10. GCl、GC2、GC3类管道每3～6年至少进行一次全面检测。

七、工业气瓶安全要点

1. 气瓶充装前的检查

气瓶在充装前应由专人负责逐只进行检查，检查的主要内容包括以下几项：

（1）气瓶应是由持有制造许可证的单位制造的，应检查气瓶是否属于制造单位或者监管部门宣布报废或规定停用或需要复检的产品。

（2）气瓶改装应符合要求。

（3）气瓶的原始标识应符合标准和规定，铅印字迹应清晰可见，标识内容包括制作单位名称或代号、气瓶编号、水压试验压力、公称工作压力、实际瓶重、实际容积、气瓶设计壁厚、制造单位检验标记和制造年月、监督检验标记和寒冷地区用气瓶标记。

（4）气瓶应在规定的检验有效期内。

（5）气瓶的公称工作压力应符合欲充装气体的充装压力。

（6）气瓶的颜色、字样应符合《气瓶颜色标记》的规定。

（7）气瓶的附件应齐全，并符合技术的要求。

（8）气瓶内有无剩余压力，剩余的气体应与充装的气体相符。

（9）承装氧气或强氧化性气体的气瓶瓶阀和瓶体是否粘有油脂。

（10）首次充装气体应经过置换或真空处理。

（11）瓶体无裂纹、严重腐蚀、明显变形、机械损伤等缺陷。

2. 气瓶充装后的检查

充装气体后的气瓶，应由专人逐只进行检查，不符合要求时进行妥善处理。检查的内容包括：

（1）瓶壁温度有无异常。

（2）瓶体有无出现鼓包、变形、泄漏或充装前检验的缺陷。

（3）瓶阀和瓶口连接处的气密性应良好，瓶帽和防爆圈应齐全完好。

（4）颜色标记和检验色标应齐全并符合技术要求。

（5）取样分析瓶内气体纯度及杂质含量应在规定的范围内。

（6）实测瓶内的气体压力、质量大小应在规定的范围内。

3. 气瓶的定期检验

（1）气瓶定期检验的周期为：装腐蚀性气体的气瓶每2年检验1次；装一般气体的气瓶每3年检验1次；装液化石油的气瓶，使用未超过20年的每5年检验1次，超过20年的每2年检验1次，装稀有气体的气瓶每5年检验1次。

（2）气瓶检验前要排放瓶内剩余的气体，拆卸瓶帽、防振圈、瓶阀，清理和洗刷瓶内外表面，进行原始标记登记。

（3）气瓶定期检验的项目有外观检查、音响检查、瓶口螺纹检查、内部检查、质量和容积的测定、水压试验和气密性试验。

4. 气瓶的运输安全检查

（1）运输工具上应有明显的安全标志。

（2）佩戴好瓶帽、防振圈，轻装轻卸，严禁抛、滑、滚、碰。

（3）吊装时严禁使用电磁起重机和链绳。

（4）瓶内气体相互接触能引起燃烧、爆炸的气瓶，产生毒物的气瓶，易燃易爆、腐蚀性物或与瓶内气体起化学反应的物品不得同车运输。

（5）气瓶装在车上应妥善固定。

（6）夏季运输应用遮阳设施，避免暴晒。城市的繁华地区应避免白天运输。

（7）严禁烟火，运输可燃气体气瓶时，运输工具上应备有灭火器材。

（8）运输气瓶的车、船不得在繁华市区、重要机关附近停靠。车、船停靠时，司机和押运人员不得同时离开。

（9）装有液化石油气的气瓶不得长途运输。

5. 气瓶的储存

（1）气瓶应置于专用仓库储存，气瓶仓库应符合《建筑设计防火规范》的有关规定。

（2）仓库内不得有地沟、暗道，严禁明火和其他热源。仓库内应经常通风、干燥，避免阳光直射。

（3）盛装易起分解反应或聚合反应气体的气瓶，必须规定储存期限，并避开放射源。

（4）空瓶与实瓶分开放置，并有明显标志；装有毒性气体的气瓶和装有其他气体的气瓶，如果气体相互接触后能够引起燃烧、爆炸或产生毒物时，气瓶应当分室放置，并在附近设置防火用具或灭火器材。

（5）气瓶要放置整齐，戴好瓶帽。

6. 气瓶的使用

（1）不得擅自更改气瓶的颜色标记和铅印。

（2）使用前应进行安全状况检查，确认盛装的气体。放置地点不得靠近火源，离明火10 m以外。

（3）气瓶立放时应采取防止倾倒的措施。

（4）夏季应防止暴晒。

（5）严禁敲击、碰撞。

（6）严禁在气瓶上进行电焊引弧。

（7）严禁用超过40℃的热源对气瓶进行加热。

（8）瓶内气体不得用尽，必须留有剩余压力。

（9）在可能造成回流的场合，设备上应配有防止倒灌的装置。

（10）气瓶投入使用后不得对瓶体进行挖补、焊接修理。

（11）液化石油瓶用户不得将气瓶内液化石油气向其他气瓶倒装，不得自行处理瓶内剩余残液。

7. 气瓶改装的要求

气瓶改装是指因需要将原盛装一种气体的气瓶、尚未投入使用的气瓶或定期检验剔出降压使用的气瓶，改为盛装另一种气体。气瓶改装工作由气瓶定期检验单位负责进行。

（1）根据气瓶制造铅印标记和安全状况，确定改装后充装的气体和气瓶的公称工作压力。

（2）对气瓶进行彻底清理、冲洗、干燥，换装相应的瓶阀和其他附件。

（3）按照规定打检验钢印和涂检验色标，并按照改装后盛装的气体更改气瓶的颜色、字样和色环。

（4）将气瓶改装情况通知其产权单位，记入气瓶档案。

8. 气瓶事故的处理

当气瓶受到外界火焰威胁时，若火焰尚未波及气瓶，应全力扑灭；若火焰已波及气瓶，应将气瓶转移到安全地方或喷射大量水进行冷却；若火焰发自瓶阀，应迅速关闭瓶阀，切断气源。

当气瓶发生泄漏事故时，应根据气瓶的泄漏部位、泄漏量、泄漏气体性质及影响情况，就地阻止。如不能阻止，可根据气瓶盛装气体的性质，将泄漏的气瓶浸入到冷水池中或石灰池中使之吸收；若有大量的毒性气体泄漏，周围人员需迅速疏散，并穿戴防护用品进行处理；如果是可燃气体泄漏，应迅速处置，做好各项灭火工作，喷水冷却。

八、电梯安全要点

1. 电梯日常管理要求

（1）配备专职电梯管理人员，对有司机的电梯，应配有受过专门技术培训的专职司机，能够正确操作电梯和处理运行中出现的各种紧急状况。

（2）有经过培训专职维修保养人员，并建立值班制度。

2. 建立严格的检查保养制度

（1）每部电梯应设有维修保养工作日志、运行记录、故障报修单、交接记录。

（2）电梯机房应有“周期性检查加油部位表”，以及“机房、井道、底坑安全操作”制度。

（3）每天对机房进行巡视检查，发现异常及时排除。随时注意轿厢的停站位置，同时保持轿厢与厅门口的清洁卫生，特别注意地坎槽中是否掉入杂物。轿内严禁存放异物。

（4）对主要安全装置仔细检查，发现问题及时处理；检查各润滑部位，按

“周期检查加油”制度进行，补充新油。

（5）除月检内容外，对电梯的控制系统（包括接触器、继电器、过流、过压欠压、过热保护、相序保护、熔断器、电阻器、各电气元件和接线端子等）及各传动部分（如曳引机、导向轮、曳引钢丝绳、轿顶反绳轮、平衡绳轮、导靴、开关门传动系统等），进行全面检查，并进行必要的调整和修理。

（6）每年组织有关技术管理人员进行一次全面性的设备检查鉴定工作，对电梯的工作状况做出质量评价，制订年度保养工作计划，修复、更换磨损的主要部件。对电梯的专用保护地线每年试验一次，保证接地电阻值不大于4 Ω，测试检查工作在每年春季进行。

（7）临时性检查制度。当电梯停用时间较长或地震、火灾后，都需要进行全面性的检查方能投入使用。电梯在长期停用期间，应断开机房的总电源。

3. 制定维护保养工作规程

（1）季检和年检应由两人以上进行，确保安全可靠。

（2）电梯在检修、检验及打扫卫生时（包括加油），应断开机房的总电源开关。厅门悬挂“检修停用”的标示牌，检修运行时，不准载货或载客。

（3）进入底坑作业时，应将底坑检修急停开关断开，以保安全。

（4）进入轿顶检修时，应断开轿顶急停开关。

（5）轿顶或底坑检修时，使用的手灯其工作电压应为36 V安全电压，双线圈变压器。

（6）严禁维修人员在未采取安全措施前在厅门地坎探身到轿顶作业。

（7）不准短接厅门门锁和轿门电气接点进行快车运行的检修。

（8）轿厢内应悬挂司机“操作规程”和“乘梯须知”。

4. 机房、井道、候梯间管理制度

（1）电机机房除有关人员外，其他人员严禁入内。

（2）机房应该有加锁的安全防护铁门。

（3）机房要保持干燥、清洁、通风良好，机房温度过高时，应有降温的安全措施。

（4）井道内除电梯设备外，不得存放其他杂物。

（5）候梯间不得堆放杂物，保证出入畅通。

5. 电梯故障

因故障突然停梯时，当轿厢地坎高出厅门地坎600 mm时，未采取可靠的安全措施前不准出入轿厢，以保安全。

第五章 建筑施工与油漆作业现场安全

第一节 建筑施工安全

一、基坑支护

1. 应经项目分管负责人组织有关部门验收合格后作业。

2. 基坑支护与降水工程施工方案，应经施工单位技术负责人、总监理工程师签字后实施。

3. 开挖深度超过3 m（含3 m）或虽未超过3 m但地质条件和周边环境复杂的基坑（槽）支护、降水工程，应编制专项施工方案。

4. 开挖深度超过3 m（含3 m）的基坑（槽）的土方开挖工程，应编制专项施工方案。

5. 超过2 m深的基坑四周要有两道栏杆的护栏，作业人员上下基坑应搭设1：3的专用通道。

6. 止水帷幕未渗漏水，做好地下水排水及监测。

7. 积土、料具堆放距槽边距离不应小于设计规定。

8. 机械开挖土方及回填，应确定作业人员进入机械作业范围内进行清理或找坡作业的安全措施。

9. 坑槽开挖设置的安全边坡要符合施工设计方案，积土、机具设备、临时设施等与槽边距离要大于设计规定。

10. 基坑施工要设置有效的排水措施，深基础施工采用井点降水的要有防止临近建筑危险沉降的措施，坑边要有措施防止坑外的水流入基坑中冲刷坑壁。

11. 基坑支护应进行变形监测，发现支护产生局部变形要立即采取措施；对临近建筑和重要管线、道路也应进行沉降观测。

12. 施工机械进场要验收，司机要交底、要持证上岗，挖土机开挖程序、作业位置要有方案。

13．基坑内作业人员应有安全立足点，坑内作业有防中毒、防火和充足的照明等措施；垂直作业有上下隔离防护措施，有足够的照明。

14．开挖深度超过5 m（含5 m）的基坑（槽）的土方开挖、支护、降水工程，应组织专家论证审查，出具书面论证报告。

15．开挖深度虽未超过5 m，但地质条件、周围环境和地下管线复杂，或影响毗邻建筑（构筑）物安全的基坑（槽）的土方开挖、支护、降水工程，应组织专家论证审查，出具书面论证报告。

16．监理单位应当将危险性较大的分部分项工程列入监理规划和监理实施细则，应当针对工程特点、周边环境和施工工艺等，制定安全监理工作流程、方法和措施。

二、模板工程

1．模板工程安装后，应由现场技术负责人组织验收合格后作业。

2．模板工程专项施工方案，应经施工单位技术负责人、总监理工程师审批签字后实施。有符合实际经审批的施工方案和支撑系统设计计算书，应根据混凝土输送方法制定有针对性的安全措施。交底详细、具体，符合施工方案。

3．各类工具式模板工程，包括大模板、滑模、爬模、飞模等工程，应编制专项施工方案。

4．混凝土模板支撑工程：搭设高度5 m及以上、搭设跨度10 m及以上、施工总荷载10 kN/m^{2}及以上、集中线荷载15 kN/m^{2}及以上、高度大于支撑水平投影宽度且相对独立无联系构件的混凝土模板支撑工程，应编制专项施工方案。

5．承重支撑体系：用于钢结构安装等满堂支撑体系，应编制专项施工方案。

6．模板拆除应经拆模申请批准，拆模强度应符合设计规范要求。

7．各类模板存放整齐、不超高，大模板存放有防倾倒措施，模板上的施工荷载不得超过设计规定。不准直接在板条天棚或隔音板上通行及堆放材料。必须通行时，应在大楞上铺设脚手板。

8．在绑扎钢筋、粉刷墙面、支拆模板时作业人员如无可靠立足点，作业面应有安全防护设施。

9．模板及其支撑体系的施工荷载，不应超过设计计算要求。

10．采用桁架支模应严格检查，发现严重变形、螺栓松动等应及时修复。

11．支撑系统、支模立柱的材料、立柱间距符合设计要求，立柱底的底座、垫板的尺寸材料符合规定，不得用砖块、钢模板作垫板。模架载荷不得由外脚手架承担。支模应按工序进行，模板没有固定前，不得进行下道工序。禁止利用拉杆支撑攀登上下。

12. 支设4 m以上的立柱模板，四周必须顶牢。操作时要搭设工作台；不足4 m的，可使用马凳操作。

13. 支设独立梁模应设临时工作台，不得站在柱模上操作和在梁底模上行走。

14. 拆除薄腹梁、吊车梁、桁架等预制构件模板时，应随拆随加顶撑支牢，防止构件倾倒。

15. 在坡度大于25°的屋面上操作，应有防滑梯、护身栏杆等防护措施。

16. 木屋架应在地面拼装，必须在上面拼装的应连续进行，中断时应设临时支撑。屋架就位后，应及时安装脊檩、拉杆或临时支撑。吊运材料所用索具必须良好，绑扎要牢固。

17. 模板制作使用木工机械应遵守木工机械使用安全操作规程。

18. 高出2 m以上的作业要有可靠的施工立足点（如操作平台层高3.2 m以上的支撑工程应先搭设操作架后进行支模，作业面的孔洞下设安全平网，临边有1.5 m以上的双排防护栏杆或其他防护措施，垂直作业上下有隔离防护措施）。

19. 模板起吊前，应检查吊装和绳索，卡具及每块模板上的吊环应完整有效，并应先拆除一切临时支撑，经检查无误后方可起吊。模板起吊前，应将吊车的位置调整适当，做到稳起稳落，就位准确，禁止用人力搬动模板，严防模板大幅度摆动或碰到其他模板。

20. 筒模可用拖车整体运输，也可拆成平模用拖车水平叠放运输，垫木必须上下对齐，绑扎牢固，用拖车运输，车上严禁坐人。

21. 在现浇结构安装模板时，必须将悬挑部分固定、位置调整准确后，方可摘钩，外模安装后，要立即穿好销杆，紧固螺栓。安装外模板的操作人员必须挂好安全带。

22. 在模板组装或拆除时，指挥、拆除和挂钩人员，必须站在安全可靠的地方方可操作，严禁人员随大模起吊。

23. 大模板必须有操作平台、上下梯道、走道和防护栏杆等附属设施，如有损坏，应及时修理。

24. 模板安装就位后，要采取防止触电的保护措施，要设专人将大模板串联起来，并同避雷装置接通，防止漏电伤人。

25．大模板拆除后，应及时清除模板上的残余混凝土，并涂刷脱板模剂，在清扫和涂刷脱离剂时，模板要临时固定好，板面相对停放的模板之间，应留出50～60 cm宽的人行道，模板上方要用拉杆固定。

26．工具式模板工程包括滑模、爬模、飞模工程。应组织专家论证审查，出具书面论证报告。

27．混凝土模板支撑工程：搭设高度8 m及以上，搭设跨度18 m及以上、施工总荷载15 kN/m^{2}及以上，集中线荷载20 kN/m^{2}及以上，应组织专家论证审查，出具书面论证报告。

28．承重支撑体系：用于钢结构安装等满堂支撑体系，承受单点集中荷载700 kg以上，应组织专家论证审查，出具书面论证报告。

29．监理单位应当将危险性较大的分部分项工程列入监理规划和监理实施细则，应当针对工程特点、周边环境和施工工艺等，制定安全监理工作流程、方法和措施。

三、"三宝""四口""临边防护"

（一）安全帽

1．安全帽应符合国家标准，零件齐全、功能有效。

2．按规定系紧上颚（下颚）带。

3．正确佩戴安全帽。

4．台账记录应清楚（含产品标识、合格证、出厂检验、进货检验、保质期限、购买发票等）。

（二）安全网

1．安全网应符合国家标准。

2．在建工程脚手架外侧应用阻燃密目式安全网封闭。

3．架子外侧、楼层临边、井架外侧等处设置的密目式安全网，应跟上施工进度要求。

4．施工层以下每隔12 m，应用平网或其他措施封闭。

5．作业层的脚手板下部应用安全网兜底。

（三）安全带

1．安全带符合标准要求。安全带应有厂家生产许可证、购买发票、合格证等，并符合国家标准。

2．安全带悬挂正确，高挂低用。

3．悬（高）空作业应按规定佩戴安全带。

安全帽、安全带、安全网三件宝要定期检查，不符合要求的严禁使用。

（四）临边作业

1．临边高处作业，应设置防护措施。

2．临边防护符合要求。

3．现场不使用滑槽。

4．基坑周边，尚未安装栏杆或栏板的阳台、料台与挑平台周边、雨篷与挑檐边、屋外脚手的屋面与楼层周边及水箱与水塔周边等处，都必须设置防护栏杆。

5．分层施工的楼梯口和梯段边，必须安装临时护栏。对于主体工程上升阶段的顶层楼梯口应随工程结构进度安装正式防护栏杆。回转式楼梯间应支设水平安全网，每隔4层设一道水平安全网。

6．井架与脚手架等与建筑物通道的两侧边，必须设防护栏杆。地面通道上部应装设安全防护棚。双笼井架通道中间，应予分隔封闭。

7．垂直运输接料平台，除两侧设防护栏杆外，平台口还应设置安全门或活动防护栏杆。

8．阳台边、框架楼板面无外脚手时应设两道边接可靠的防护栏杆，并采用密目式安全网防护，封闭阳台栏板应随工程结构进度及时进行安装。

（五）楼梯口

1．楼梯口应设置防护栏杆。

2．防护设施应形成定型化、工具化，应有安全电压照明。

3．楼梯必须设两道防护栏杆，楼梯口空间距离较大时，应每隔两层设安全平网，楼梯平台应采取防护措施。

（六）电梯井口

1．电梯井内每隔两层（不大于10 m）应设置一道安全平网，施工中不得拆除。

2．井口须安装高120 cm定型栅栏，并挂醒目警示标志。随工程主体施工搭设井内脚手架，并每层封闭，井内主体结束后每隔两层设一道安全平网。防护栏杆、防护栅门应符合规范规定。

3．防护设施应形成工具化、定型化，施工中不得拆除。

4．电梯井道防护安全网，待安装电梯搭设脚手架时，每搭到安全网高度时方可拆除。

5．电梯井道内的安全防护措施，必须由脚手架保养人员定期进行检查、保养，发现隐患及时消除。

6．张设安全网及拆除井道内设施时，操作人员必须戴好安全带，挂点必须安全可靠；进入电梯井道清除垃圾必须正确佩戴安全带，并挂在可靠处，同时派专人进行监护。

（七）预留洞口

1．预留洞口应有防护，施工中形成的洞口的防护设施要工具化、定型化。坑井口周边设两道防护栏杆，夜间设置红灯警示；坑基口要及时加盖。

2．防护应符合规范规定。

3．150 cm以下的洞口应设置工具化、定型化盖板或贯穿性钢筋，150 cm以上的洞口四周应设两道防护栏杆，洞口下设安全平网。

（八）坑井

1．应设置稳固的盖件。

2．应设安全标志。

3．夜间应设红灯警示。

（九）通道口

1．应设防护棚，底层过道、人员出入通道均应设可靠牢固的防护棚，棚宽大于道口。

2．防护棚设置应符合规范要求。

四、施工临时用电

施工临时用电应符合《施工现场临时用电安全技术规范》。

1．临时用电工程应经编制、审核、批准部门和使用单位共同验收合格后投入使用。

2．临时用电组织设计及变更时，应履行“编制、审核、批准”程序，总监理工程师应签字。

3．临时用电工程定期检查，应履行复查验收手续。

4．建筑施工现场临时用电工程专用的电源中性点，直接接地的220/380 V三相五线制低压电力系统，应采用三级配电系统；应采用TN-S接零保护系统；应采用二级漏电保护系统。

5. 电工应有上岗证。

6. E线上未装设开关或熔断器。

7. PE线上未通过工作电流。

8. PE线不断线。

9. TN系统中的保护零线应在配电室或总电箱处、中间处和应端处做重复接地。

10. 在TN系统中重复接地装置的接地电阻值小于10 Ω。

11. 配电柜应装设电源隔离开关及短路、过载、漏电保护电器。

12. 电缆线路地面不应明设。

13. 埋地电缆路径应设方位标志。

14. 应做到“一机、一闸、一漏、一箱”。

15. PE线端子板应与金属电器安装板做电气连接。

16. N线端子板应与金属电器安装板绝缘。

17. 开关箱中漏电保护器的额定漏电动作电流，额定漏电动作时间应符合规范要求。

18. 用于潮湿或有腐蚀介质场所的漏电保护器应采用防溅型产品。

19. 对配电箱、开关箱维修检查时，应将其前一级相应的电源隔离开关分闸断电，悬挂“禁止合闸，有人工作”的停电标志牌。

20. 电工不带电作业。

21. 对机械设备清理、检查、维修时，应将其开关箱分闸断电，关门上锁。

22. 在潮湿场所作业，应采用安全特低电压照明器。

23. 照明变压器应使用双绕组型安全隔离变压器。

24. 对夜间影响飞机或车辆通行的在建工程及机械设备，应设置醒目的红色信号灯。

25. 施工现场电源箱要设专人管理，电源箱内回路、元器件要有明显标志，对触电保安器、闸刀、熔丝等进行定期检查，发现问题要及时处理，严防触电事故发生。

26. 所有电工必须持证上岗，每条线路上每隔50 m重复接地且不大于4 Ω。

27. 对各类施工机具进行定期检查，并做好记录，各类机具、工具在租赁时和使用前都必须进行全面的检查、确认，不符合要求的严禁使用，发现问题及时处理，消除隐患，做到防患于未然；进一步加强施工现场的施工设备、仪器、仪表的管理，重要的施工设备、仪器、仪表要设专人管理。严格执行施工设备、仪器、仪表领用制度。

28．现场施工及生活用电应做到：电源布置合理清晰，电源线尽量走电缆沟，过道必须有穿管等防护措施。

29．电源箱实行挂牌管理，责任到人，执行跟踪卡制度；每日下班前必须对所有电源箱检查一次，所有开关、闸刀在打开位置，每周一次全面检查；触电保安器工作正常，不得随意退出。

30．生活用电不得私拉乱接，电器使用应符合工地有关规定。

31．电动机具及电源箱的外壳接地必须接触良好，按要求定期检查电动机具的绝缘。

32．加强施工机具的管理。施工机具实行挂牌管理，责任到位，专人负责，及时维修和检查。

33．特殊场合照明器的安全电源电压：

（1）有高温、导电灰尘和灯具离地低于2.4 m等场所的照明，电源电压不得大于36 V。

（2）在潮湿易触电体及带电场所的照明电源电压不得大于24 V。

（3）在特别潮湿的场所、导电良好的地面或金属容器内工作的照明电源电压不得大于12 V。

五、物料提升机

1．应有使用登记证。

2．应经检测单位检测合格后使用，定期保养，而且有记录。

3．产权单位应根据现场工作条件及设备情况编制安装、拆卸施工方案。

4．施工方案应经产权单位分管负责人、总监理工程师审批签字。

5．各层联络应有明确信号和楼层标记。

6．通道口走道板应满铺并固定牢靠。两侧边应设置符合要求的防护栏杆和挡脚板，并用密目安全网封闭两侧。

7．不采用钢筋或多股铅丝作缆风绳。

8．地锚应符合要求。

9．连墙杆与脚手架连接。

10．附着装置应为原制造厂制造。

11．基础的埋深与做法，应符合设计和提升机出厂使用规定。

12．物料提升机不得乘人。

13．操作人员应持证上岗。

六、外用电梯

1．应有使用登记证。

2．应经检测单位检测合格后使用。装、拆人员必须持证上岗。

3．产权单位编制的安装、拆卸施工方案应经产权单位分管负责人签字，施工单位技术负责人审批认可，总监理工程师审批签字后方可实施。

4．梯笼安全装置应经试验合格且灵敏可靠。

5．楼层门应有防止人员和物料坠落的措施。

6．载货电梯轿厢内不得乘人，载物不得超载。

7．电梯上下运行应顺畅。

8．电梯轿厢内载荷应均匀，不偏重。

9．操作人员应持证上岗。

10．电梯安装、拆卸必须专人统一指挥，作业区上方及地面10 m范围内设禁区并设专人监护。

11．电梯在重新安装以前（转移施工现场）必须认真检修和调试限速器。若使用期满1年，应重新检修、调试。

12．在梯笼顶部进行安装、拆卸和检修作业时，必须使用可移动按钮开关。

13．在安装、拆卸时，严禁超过架设载荷量（即无配重时的载荷量）的规定。

14．用起重机安装、拆卸井架时，组装井架不得超过4节。

15．安装吊杆有悬挂物时不得开动梯笼。

16．拆卸井架时，必须先吊井架，再松下螺栓梯笼上部，导向轮必须降到应拆井架之下。

17．横竖支撑的安装与拆卸，必须随井架高度同步进行。

18．安装时，底笼与建筑物的距离，附着支撑的间隔，前后支撑的间隔，井架悬挑高度，齿轮、齿条的间隙均应符合说明书的规定。

19．雨天、雾天及5级以上大风的天气，不得进行安装与拆卸。

20．在装拆时，必须设置安全警戒区域，并有专人进行安全监护。

（1）电梯司机必须经过专门安全培训，考试合格持证上岗，严禁酒后上班。

（2）电梯司机必须熟悉所操作电梯的性能、构造、保养、维修知识，按规定及时填写机械履历书和规定的报表。

（3）施工电梯周围5 m以内，不得堆放易燃、易爆物品及其他杂物，不得在此范围内挖沟、坑、槽。电梯地面进料口应搭设防护棚。

（4）同一现场施工的塔式起重机或其他起重机械应距施工电梯5 m以上，并应有可靠的防撞措施。

（5）施工电梯的楼层通信装置应保持完好及经过二级漏电保护。

21．施工电梯停止运行后遵守以下规定：

（1）电梯未切断总电源开关前，司机不得离开操作岗位。

（2）作业后，将梯笼降到底层，各控制开关板至零位，切断电源，锁好闸箱和梯门。

（3）下班后按规定进行清扫、保养，并做好当班记录。

（4）凡遇到有下列情况时应停止运行：天气恶劣，如大雨、大风（6级以上）、大雾、导轨结冰等；灯光不明，信号不清；机械发生故障未排除；钢丝绳断丝磨损超过报废标准。

七、塔吊

1．建筑起重机械安装、拆卸工程档案应当包括以下资料：

安装、拆卸合同及安全协议书；安装、拆卸工程专项施工方案；安全施工技术交底的有关资料；安装工程验收资料；安装、拆卸工程生产安全事故应急救援预案。

应有生产厂家的生产许可证、销售许可证、使用登记证，生产厂家对该型号塔机进行的备案资料，提供的说明书、合格证、国家技术监督局下发的塔机监督检验证明。

安装单位的资质、安装人员特种上岗证；采用天然地基地耐力必须满足厂家基础设计要求，使用前应经有资质检测单位检测，出具合格证后方可使用，同时注意使用的有效时间，到期后应进行复检。

安装、拆除施工方案，应经产权单位分管负责人签字、施工单位技术负责人审批认可，总监理工程师审批签字后方可实施。

2. 司机应持证上岗。

3. 信号指挥、司索工应持证上岗。

4. 高塔指挥应使用旗语或对讲机。

5. 地面平整与地耐力不满足要求，应采用铺垫措施。

6. 起重机行驶或停放，与沟渠、基坑应保持5 m距离。

7. 起重吊装作业应有警戒标志，旋转半径内不得站人。

8. 应设专人警戒。

9. 采用非常规起重设备、方法，且单件起吊质量在100 kN及以上的起重吊装工程、起重量300 kN及以上的起重设备安装工程、高度200 m及以上内爬起重设备的拆除工程，应组织专家论证，出具书面论证报告。

10. 大风6级天气停止使用，恶劣天气过后检查塔吊垂直度偏差不超过1‰；多塔作业应有防碰撞措施，施工中必须保持三大机构（起升机构、回转机构、变幅机构）的限位齐全有效。

11. 塔吊基坑无积水。使用中经常检查起吊的钢丝绳，断丝断股报废应符合国家标准；吊钩防脱装置必须保持齐全有效；塔吊的避雷装置必须齐全，测试有效电阻不大于4 Ω。

12. 塔吊旋转半径内的设备、临时建筑物、高压线路应搭设双层防护棚。

13. 塔吊整体安装或每天爬升后，均须经规定程序验收通过后，才可使用。

14. 起重机必须有安全可靠的接地。

15. 工作前应检查钢丝绳、安全装置、制动装置传动机构等，如有不符合要求的情况，应予修整，经试运转确认无问题后才能施工。

16. 禁止越级调速和高速时突然停车。

17. 当机构出现不正常时，应及时停车，将重物放下，切断电源，找出原因，排除故障后才能继续工作，禁止在工作过程中调整或检修。

18. 必须遵守“十不吊”等有关安全规程。

19. 爬升操作时，应按说明书规定步骤进行，还应遵守以下要求：

（1）风力在4级以上时不得进行顶升、安装、拆卸作业。作业时突然遇到风力加大，必须立即停止作业，并将塔身固定。

（2）顶升前必须检查液压顶升系统各部件的连接情况，并调整好爬升架滚轮与塔身的间隙，然后放松电缆，其长度略大于总的顶升高度，并紧固好电缆卷筒。

（3）顶升操作的人员必须是经专业培训考核合格的专业人员，并分工明确，专人指挥，非操作人员不得登上顶升套架的操作台，操作室内只准一人操作，必须听从指挥。

（4）顶升作业时，必须使塔机处于顶升平衡状态，并将回转部分制动住。严禁旋转臂杆及其他作业，顶升发生故障，必须立即停止，待故障排除后方可继续顶升。

（5）顶升到规定自由高度时必须将塔身附着在建筑物上再继续顶升。

（6）顶升完毕应检查各连接螺栓按规定的预紧力矩紧固，爬升套架滚轮与塔身应吻合良好，左右操纵杆应在中间位置，并切断液压顶升机构电源。

20．加节爬升后应注意校正垂直度，使之偏差不大于1‰。

21．塔机在顶升拆卸时，禁止塔身标准节未安装接牢以前离开现场，不得在牵引平台上停放标准节（必须停放时要捆牢）或把标准节挂在起重钩上就离开现场。

22．工作完毕后，应把吊钩提起，小车收进，所有操纵手把置于零位，切断电源，锁好配电箱，关闭司机门窗。

23．监理单位应当将危险性较大的分部分项工程列入监理规划和监理实施细则，应当针对工程特点、周边环境和施工工艺等，制定安全监理工作流程、方法和措施。

八、施工机具

严格遵守《建筑安装工人安全生产基本规定》，并在每班作业前认真检查各部位零件紧固和安全状况，确认符合安全要求的前提下方可操作，每班作业结束后操作工应按照“清洁、润滑、紧固、调整、防腐”的十字要求，认真做好保养工作并切断电源后方准离开作业点。

（一）平刨

1．应有验收合格手续。

2．应有护手安全装置。

3．机械传动部位应有防护罩。

4．不得戴手套作业，应持证上岗。

（二）圆盘锯

1．应有验收合格手续。

2．圆盘锯的上方应安装防护罩。

3．圆盘锯的前方应安装分料器（劈刀）。

4．圆盘锯的后方应设置防止木料倒退的装置。

5．机械传动部位应安装防护罩。

6．操作人员不得站在面对锯片旋转的离心力方向进行操作。

7．圆盘锯不得使用禁止的倒顺开关。

（三）手持电动工具

1．用Ⅲ类工具金属外壳应做保护接零。

2．使用Ⅰ类工具作业人员应穿戴绝缘防护用品。

3．露天、潮湿场所或在金属架上操作时，不使用Ⅰ类工具。

4．Ⅰ类手持电动工具的绝缘值低于2 Ω，应符合要求。

5．Ⅱ类手持电动工具的绝缘值低于7 Ω，应符合要求。

6．手持电动工具自带的软电缆或软线不得任意拆除或接长。

（四）钢筋机械

1．应有验收合格手续。

2．机械传动部位应有防护罩。

3．钢筋冷拉场地应设置警戒区、防护栏杆及标志。

4．对焊作业应有防止火花烫伤的措施。

5．操作人员应持证上岗。

（五）电焊机

1．应有验收合格手续。

2．应有二次空载降压保护或防触电装置。

3．焊把线防止绝缘老化。

4．应有防雨措施。

5．操作人员应持证上岗。

6．电焊机外壳必须接地良好，其电源的装拆应由电工操作。

7．电焊机要设单独的开关，开关应放在防雨的闸箱内；拉合时应戴手套侧向操作。

8．焊钳与把线必须绝缘良好，连接牢固，更换焊条应戴手套。在潮湿地点工作，应站在绝缘胶板或木板上。

9．严禁在带压力的容器或管道上施焊，焊接带电的设备必须先切断电源。

10．焊接储存过易燃、易爆、有毒物品的容器或管道前，必须清除干净，并将所有孔口打开。

11．在密闭金属容器内施焊时，办理进入容器作业证，容器必须可靠接地，通风良好，并应有人监护。严禁向容器内输入氧气。

12．焊接预热工件时，应有石棉布或挡板等隔热措施。

13．把线、地线禁止与钢丝绳接触，更不得用钢丝绳或机电设备代替零线。所有地线接头必须连接牢固。

14．更换场地移动把线时，应切断电源，并不得手持把线爬梯登高。

15．清除焊渣、采用电弧气刨清根时，应戴防护眼镜或面罩，防止铁渣飞溅伤人。

16．多台电焊机在一起集中施焊时，焊接平台或焊件必须接地，并应用隔光板。

17．针钨极要放置在密闭铅盒内，磨削针钨极时，必须戴手套、口罩，并将粉尘及时排除。

18．二氧化碳气体预热器的外壳应绝缘，端电压不应大于36 V。

19．雷雨时，应停止露天焊接作业。

20．施工焊接场地周围应清除易燃易爆物品，或进行覆盖、隔离。

21．必须在易燃易爆气体或液体扩散区施焊时，应经有关部门检试许可后，方可施工焊接。

22．工作结束，应切断焊机电源，并检查操作地点，确认无起火危险后，方可离开。

（六）搅拌机

1．应有验收合格手续。

2．钢线绳磨损不得超过规定。

3．出料操作手柄应有锁住保险装置。

4．应有保险挂钩或保险挂钩环。

5．传动部位应有防护罩。

6．不得将头、手伸入搅拌筒。

7．操作人员应持证上岗。

8．搅拌机必须安置在坚实的地方，用支架或支脚筒架稳，不准以轮胎代替支撑。

9．开动搅拌机前应检查，离合器、制动器、钢丝绳等反应良好，滚筒内不得有异物。

10．进料斗升起时，严禁任何人在料斗下通过或停留。工作完毕后应将料斗固定好。

11．运转时，严禁将工具伸进滚筒内。

12．现场检修时，应固定好料斗，切断电源。进入滚筒时，应有专人监护。

（七）气瓶

1．气瓶间距小于5 m，应有隔离措施。

2．气瓶明火距离小于10 m，应有隔离措施。

3．乙炔瓶不应平放。

4．气瓶存放应符合要求。

5．气瓶存放处应设安全标志。

6．气瓶存放区应配备灭火器材。

7．使用和运输应检查防震圈、瓶帽完好情况。

8．严格动火审批制度。

（八）翻斗车

1．翻斗车应取得准用证。

2．翻斗车应年检。

3．司机应持证驾车。

4．翻斗车行车不得载人。

（九）潜水泵

1．应做试运转后，再投入使用。

2．直接放入水中，应设防杂物进入措施。

3．水泵放入水中不能直接拽拉电缆。

（十）打桩机

1．打桩机应定期年检，取得主管部门核发的准用证。

2．雨天应在有防雨措施的情况下启动运行。

3．行走路线地的耐力应符合说明书要求。

4．作业区内应无高压线，不能危及安全。

5. 作业区应有明显标志或围栏，非工作人员不得自由进出。

6. 机具人员登高检查或维修时，应系安全带。

7. 吊桩、吊锤、回转或行走等动作不得同时进行。

8. 雷雨、大雾和6级以上大风等恶劣天气，应停止作业。

（十一）水磨石机

1. 电缆应离地架设。

2. 水磨石机扶手绝缘不得损坏。

3. 操作人员应有防护措施。

（十二）平板振动器

1. 平板振动器绝缘不得损坏。

2. 操作人员应有防护措施。

3. 使用时，引出电缆线不应拉得过紧，使用前应认真进行检查。

（十三）插入式振捣器

1. 操作人员应穿戴绝缘胶鞋和绝缘手套。

2. 不用软管拖拉电动机。

3. 不用电缆线拖拉或吊挂振捣器。

4. 操作手柄绝缘不得损坏。

5. 操作工穿戴防护用品。

6. 使用振动棒应穿胶鞋，湿手不得接触开关，电源线不得破皮漏电。

（十四）蛙式打夯机

1. 操作手柄绝缘不得损坏。

2. 操作工应穿戴防护用品。

3. 不得一人操作。

4. 不得使用倒顺开关。

5. 不得在斜坡上夯行。

6. 蛙式打夯机手把上应装按钮开关，并包绝缘材料，操作时应戴绝缘手套。打夯机电源电缆必须完好无损。作业时，严禁夯击电源线。

7. 在坡地或松软土层打夯，严禁背着牵引。

（十五）卷扬机

1. 卷扬机应安装在平整坚实、视线良好的地点，机身和地锚必须牢固。卷扬机与导向滑轮中心线应垂直对正；卷扬机距离滑轮一般应小于15 m。

2. 作业前，应检查钢丝绳、离合器、制动器、保险棘轮、传动滑轮等，确认安全可靠方准操作。

3. 钢丝绳在卷筒上必须排列整齐，作业中最小需保留三圈。

4. 作业时，不准人员跨越卷扬机的钢丝绳。

5. 吊运重物需在空中停留时，除使用制动器外，并应用棘轮保险卡牢。

6. 操作时严禁擅自离开岗位。

7. 工作中要听从指挥人员的信号，信号不明或可能引起事故时，应暂停操作，待弄清情况后方可继续作业。

8. 作业中突然停电，应立即拉开闸刀，并将运送物件放下。

9. 操作人员持证上岗。

九、脚手架

（一）落地式外脚手架

1. 项目分管负责人应组织脚手架验收合格后使用。

2. 施工方案应经施工单位技术负责人、总监理工程师审批签字。

3. 基坑不得积水，底座不得松动，局部立杆不得悬空。

4. 不得使用仅有拉筋的柔性连墙件。

5. 对高度在24 m以上的双排脚手架，应采用刚性连墙件与建筑物可靠连接。

6. 连墙件、门洞桁架应符合要求。

7. 在脚手架使用期间不得拆除连墙件。

8. 在脚手架使用期间不得拆除主节点处的纵横向水平杆、纵横向扫地杆。

9. 在脚手架基础及其附近处不得进行挖掘作业。

10. 在脚手架上电、气焊作业，应有防火措施和专人看守。

11. 作业层脚手板应铺设严密。

12. 作业层脚手板下部应用安全平网兜底。

13. 脚手架外侧应采用密目式安全网做全封闭，不得有空隙。

14. 密目式安全网应可靠固定在架体上。

15. 作业层脚手板与建筑物之间的空隙大于15 cm，应做全封闭。

16. 应设作业人员上下专用通道。

17．模板支架、缆风绳、泵送混凝土和砂浆的输送管等不得固定在脚手架上。

18．作业层上施工荷载不得超载。

19．在脚手架上不得悬挂起重设备。

20．刚性连墙件与建筑物可靠连接应符合规范要求。

21．小横杆搭设应符合要求。

22．剪刀撑设置应符合规范要求。

23．脚手架不得变形，且应有可靠的避雷、接地措施。

24．脚手架所在横楞两端，均与墙面撑紧，四角横楞与墙面距离，平衡对重一侧为600 mm，其他三侧均为400 mm，离墙空挡处应加隔排钢管，间距不大于200 mm，隔排钢管离四周墙面不大于150 mm。

25．脚手架柱距不大于1.8 m，步距为1.8 m，每低于楼层面200 mm处加搭一排横楞，横向间距为350 mm，满铺竹笆，竹笆一律用铅丝与钢管四点绑扎牢固。

26．从二层楼面起张设安全网，往上每隔两层最多隔10 m设置一道安全网，保持完好无损、牢固可靠。

27．拉结必须牢靠，墙面预埋张网钢筋不小于ϕ14，钢筋埋入长度不少于30 dm。

28．50 m及以上落地脚手架，应组织专家论证，出具书面论证报告。

29．监理单位应当将危险性较大的分部分项工程列入监理规划和监理实施细则，应当针对工程特点、周边环境和施工工艺等，制定安全监理工作流程、方法和措施。

（二）悬挑式脚手架

1．应经项目负责人组织验收合格后使用。

2．施工方案、设计计算书应经施工单位技术负责人、总监工程师审批签字。

3．应采用型钢（工字钢、槽钢）作悬挑梁。

4．连墙件应符合规范要求。

5．在脚手架使用期间不得拆除连墙件。

6．脚手板采用由毛竹制作的竹制笆板；且符合脚手板相关要求，作业层脚手板应铺设严密，用安全平网兜底，其离开墙面120～150 mm；竹笆脚手板应按其主竹筋垂直于纵向水平杆方向铺设，且采用对接平铺，4个角应用直径1.2 mm的镀锌钢丝固定在纵向水平杆上；作业层端部脚手板探头长度应取150 mm，其板长两端均应与支承杆可靠地固定。

7．脚手架外侧应采用密目式安全网做全封闭，不得有空隙。

8．密目式安全网应可靠固定在架体上。

9．作业层脚手板与建筑物之间的空隙大于15 cm时，应做全封闭。

10．模板支架、缆风绳、泵送砼和砂浆的输送管等不得固定在脚手架上，也不得在脚手架上悬挂起重设备。

11．施工荷载不得超过规范规定。

12．不得使用钢管扣件悬挑脚手架。

13．脚手架立面应有防护，搭设应规范。

14．脚手架在拆除过程中严禁抛掷至地面。

15．钢管选用国标《直缝电焊钢管》（GB/T 13793–2016），质量符合国标碳素结构钢（GB/T 700–2006）Q235–A级钢要求。钢管上打孔的严禁使用，有严重锈蚀、弯曲、压扁或裂纹钢管不得采用。

16．扣件采用可锻铸性材料制作，其材质符合国家标准《钢管脚手架扣件》（GB 15831–2006）的规定，使用前进行质量检查，有裂缝、变形的严禁使用，扣件应做防锈处理，螺栓拧紧，扭力矩达65 N·m时不得发生破坏。扣件主要有三种形式，直角扣件用于连接扣紧两根垂直相交杆件；回转扣件用于连接两根呈任意角度相交的杆件；对接扣件用于连接两根杆件的对接接长。

17．搭设架子前应进行保养，除锈并统一涂色，颜色力求环境美观。脚手架立杆、防护栏杆、踢脚杆统一漆黄色，剪力撑统一漆橘红色。底排立杆、扫地杆均漆红白相间色。

18．脚手架施工前必须将入场钢管取样，送有相关国家资质的检测单位进行钢管抗弯、抗拉等力学试验，试验结果满足设计要求后，方可在施工中使用。新用的钢管要有出厂合格证。

19．安全网采用密目式安全网，网目应满足2 000目/100 cm^2，做耐贯穿试验不穿透，6 m×1.8 m的单张网重量在3 kg以上，颜色应满足环境效果要求，选用绿色。要求阻燃，使用的安全网必须有产品生产许可证和质量合格证以及建筑安全监督管理部门发放的准用证。

20．悬挑脚手架架体高度超过20 m应组织专家论证，出具书面论证报告。

21．监理单位应当将危险性较大的分部分项工程列入监理规划和监理实施细则，应当针对工程特点、周边环境和施工工艺等，制定安全监理工作流程、方法和措施。

（三）门形脚手架

1. 施工方案应经施工单位技术负责人、总监理工程师审批签字。

2. 应经项目负责人组织验收合格后使用。

3. 立杆基础应平整夯实、铺垫木。

4. 施工期间不得拆除交叉支撑、水平架。

5. 施工期间不得拆除连墙件。

6. 施工期间不得拆除剪力撑、水平加固杆、封口杆等。

7. 操作层上施工荷载不得超载。

8. 禁止在脚手架上拉缆风绳或固定、架设混凝土泵、泵管及起重设备。

9. 禁止在脚手架上集中堆放模板、钢筋等物件。

10. 禁止在脚手架基础或邻近进行挖掘作业。

11. 应设置上下专用通道。

12. 连墙件及支撑体系的构造应符合施工方案的要求。

13. 转角处、门洞处理应符合施工方案的要求。

14. 安全防护措施应符合要求。

（四）吊篮脚手架

1. 应有使用登记证。

2. 经产权单位与施工单位验收合格后方可使用。

3. 施工方案应经施工单位技术负责人、总监理工程师审批签字。

4. 吊篮使用前应经荷载试验。

5. 作业人员应经体检合格上岗。

6. 吊篮操作工应持证上岗。

7. 安全带应挂设在单独设置的安全绳上。

8. 暴雨、大雪的天气或风力超过5级，不得使用吊篮。

9. 使用吊篮脚手架时，应在下层外侧设一道双层6 cm的宽水平安全网。

10. 吊篮底部应设置兜底安全网。

11. 在吊篮作业区周围应设立围栏及醒目的警示标识。

（五）附着式升降脚手架

1. 应有使用登记证。

2. 应经检测单位检测合格后使用。

3. 施工方案应经产权单位分管负责人、总监理工程师审批签字。

4. 附着式升降脚手架每提升一次，应由项目分管负责人组织验收合格后使用。

5. 应设置安全可靠的防倾覆、防坠落装置。

6. 附着式升降脚手架，升降时，应设专人对脚手架作业区域进行监护。

7. 外侧封闭、作业层下方以及离墙空隙应封闭严密。

8. 卸料平台支撑系统不与架体连结。

9. 卸料平台搭设好后，项目负责人应组织验收合格后使用。

10. 提升高度150 m及以上附着式整体和分片提升脚手架工程，应组织专家论证，出具书面论证报告。

11. 监理单位应当将危险性较大的分部分项工程列入监理规划和监理实施细则，应当针对工程特点、周边环境和施工工艺等制定安全监理工作流程、方法和措施。

十、卸料平台

（一）悬挑式卸料平台

1. 施工方案，应经施工单位技术负责人、总监理工程师审批签字。

2. 计算书及图纸应编入施工方案。

3. 卸料平台上应标明容许荷载。

4. 卸料平台上人员和物料的总重量不得超过容许荷载。

5. 卸料平台的搁支点与上部拉结点，应位于建筑物上，平台要固定。

6. 卸料平台两边应各设前后两道钢丝绳。

7. 卸料平台堆放任何材料，长、短必须一致，堆放整齐。

8. 堆放吊运的钢管时，扣件必须拆除干净。

9. 吊运小件材料必须用麻袋（麻袋口需扎紧），用铁笼吊运，堆放高度不能超过铁笼高度。

10. 卸料平台周围材料随时清运干净，预防小件材料附落伤人。

11. 严禁将平台作为休息平台。

12．运料人员不得在卸料平台上嬉戏打闹。

13．无塔吊指挥工在现场指挥，严禁吊物。

14．悬挂明显的针对各种材料的限重标识。

15．卸料平台必须按照临边作业要求设置防护栏杆和挡脚板，上杆高度为1.2 m，下杆高度为0.6 m，挡脚板高度不低于18 cm，栏杆必须自上而下加挂密目安全网。

（二）落地式卸料平台

1．施工方案应经施工单位技术负责人、总监理工程师审批签字。

2．应经验收合格后使用。

3．地基应夯实硬化。

4．在钢管立杆底部应设底座和垫木。

5．立杆、纵横向水平杆间距及垫木面积应经计算确定。

6．卸料平台四周应设置剪刀撑。

7．卸料平台四角立杆对角间应设置剪刀撑。

8．卸料平台相邻杆之间应设置斜撑。

9．卸料平台上应满铺50 mm厚脚手板。

10．高度不超过10 m的卸料平台，顶部应设一组缆风绳。

11．高度超过10 m，每增高7 m应加设一组缆风绳。

12．应与外脚手架分离独立搭设。

13．应在卸料平台的显著位置标明其允许的荷载。

14．卸料平台必须按照临边作业要求设置防护栏杆和挡脚板，上杆高度为1.2 m，下杆高度为0.6 m，挡脚板高度不低于18 cm，栏杆必须自上而下加挂密目安全网。

十一、预防坍塌

（一）围墙

1．不得在施工围墙上方或紧靠施工围墙架设广告或宣传标牌。

2．在施工围墙外侧设置禁止人群停留、聚集和堆砌土方货物等警示标志。

3．临时建筑外侧为街道或行人道的，应采取加固措施。

（二）组装式活动房

1. 应有产品合格证，且采用阻燃性产品。

2. 应经验收合格签字后使用。

3. 搭设在空旷、山脚处的活动房应采取防风、防洪和防暴雨等措施。

4. 在坠落半径内应采取相应防护措施。

（三）楼面、屋面堆放材料

1. 应控制数量、重量，防止超载。均匀布置，不得集中堆放。

2. 堆放数量较多时，应进行荷载计算，并对楼面、屋面进行加固。

（四）高切边坡

1. 施工方案应经施工单位技术负责人、总监理工程师审批签字。

2. 岩质边坡超过30 m，或土质边坡超过15 m的高切边坡，施工方案应组织专家论证。

3. 应遵循自上而下的开挖顺序，不得先切除坡脚。

十二、文明施工

（一）围挡

1. 应设置高于1.8 m的围挡。

2. 在市区主要路段应设置高于2.5 m的围挡。

3. 围挡材料应坚固、稳定、整洁、美观。

4. 围挡应连续设置。

（二）封闭管理

1. 进出口应有大门。

2. 应有门卫和门卫制度，进出门应登记。

3. 在进出口应设置企业名称或企业标识、工程概况牌、施工总平面图、安全生产牌、消防保卫牌、环境保护牌、文明施工牌。

4. 进入施工现场应佩戴工作卡。

（三）施工现场

1. 工地地面及主要道路应做硬化处理。

2. 应有排水设施及沉淀池。

3. 应有绿化布置。

4．施工现场土方应及时进行覆盖。

5．应设置车辆冲洗设施。

6．施工现场大门应设置门楼、五牌一图。

（四）材料堆放

1．应按总平面图布置堆放。

2．堆放应整齐。

3．料堆应挂名称、品种、规格等标牌。

4．易燃易爆物品应分类存放。

（五）宿舍

1．室内净高应不小于2.4 m，通道宽度不小于0.9 m。

2．应设置可开启式窗户。

3．不得使用通铺。

4．应设置生活用品专柜。

5．应设置垃圾桶、鞋架及晾晒衣物的场地。

6．不得在尚未竣工的建筑物内设置员工宿舍。

7．作业区、生活区应分开。

8．宿舍及周围环境应卫生、安全。

9．不得乱拉接电线。

（六）食堂

1．应有卫生许可证。

2．炊事人员应有健康证，应穿戴洁净的工作服、工作帽和口罩；穿着干净、文明操作。

3．应有卫生责任制。

4．应设置独立的制作间、储藏室。

5．制作间灶台及周边应贴瓷砖，地面应做硬化处理，搞好施工现场食堂的卫生工作，确保餐具、炉灶符合卫生要求，保持食堂的干净、整洁。

6．应配备排风和冷藏设施，对燃具、蒸箱、易燃瓶应经常检验，发现隐患应及时修理。

7．生熟应分开，冬、夏季应确保施工现场充足的饮用水。

8．应设置密闭的泔水桶，并及时清运。

9. 炊具、餐具和公用饮水器应清洗消毒。

10. 应设置隔油池并及时清理。

11. 食堂应符合卫生要求，确保无鼠、无蝇。

12. 不得采购和出售变质的生菜、熟菜等食品。

13. 应使用清洁能源。

（七）防尘

1. 裸露的场地和集中堆放的土方应采取覆盖、固化绿化等措施。

2. 应采用容器或管道清运垃圾。

3. 不得焚烧废弃物。

4. 土方作业应采取扬尘措施。

5. 应设置车辆冲洗设施。

6. 施工垃圾、生活垃圾应分类存放，及时清运出场。

（八）防火

1. 应有消防措施、制度。

2. 应有动火审批制度。

3. 应有动火监护。

4. 应有灭火器材。

5. 灭火器材配置应合理。

6. 高度超过30 m的高层建筑，应配备立管直径在DN50以上、有足够水压的消防水源。

（九）防噪声

1. 强噪声设备应设置在远离居民区一侧，或采取降低噪声措施。

2. 未经批准不得进行超过夜间噪声标准的施工。

3. 装卸材料应做到轻拿轻放。

4. 车辆进出施工现场不得鸣笛，工人不得大声喧哗。

十三、其他

根据《危险性较大的分部分项工程安全管理办法》建质〔2009〕87号文要求，以下几种情况必须组织专家论证，并出具书面论证报告。

1. 拆除、爆破工程

（1）采用爆破拆除的工程。

（2）码头、桥梁、高架、烟囱、水塔或拆除中容易引起有毒有害气（液）体或粉尘扩散、易燃易爆事故发生的特殊建、构筑物的拆除工程。

（3）可能影响行人、交通、电力设施、通信设施或其他建、构筑物安全的拆除工程。

（4）文物保护建筑、优秀历史建筑或历史文化风貌区控制范围的拆除工程。

2. 其他

（1）施工高度50 m及以上的建筑幕墙安装工程。

（2）跨度大于36 m及以上的钢结构安装工程；跨度大于60 m及以上的网架和索膜结构安装工程。

（3）开挖深度超过16 m的人工挖孔桩工程。

（4）地下暗挖工程、顶管工程、水下作业工程。

（5）采用新技术、新工艺、新材料、新设备及尚无相关技术标准的危险性较大的分部分项工程。

第二节　涂漆作业安全

一、设备安全要点

1. 浸涂作业场所不应设在低于周围场地的低洼处。涂漆作业的厂房一般采用单层建筑。涂漆区若布置在多层建筑物内，宜布置在建筑物上层；若布置在多跨厂房内，宜布置在外边跨。涂漆区内及入口处附近禁止明火和产生火花，应有禁止烟火的安全标志。涂漆作业房间的门应向外，而且室内应留有不小于1.2 m宽的通道。

2. 与涂漆区相邻厂房之间的隔墙应为密实坚固的非燃烧体。隔墙上的门亦应是坚固的非燃烧体，并且有密封措施和自动关闭装置。涂漆区附近应放置足够数量的消防器材，并定期检查，保持有效状态。

3. 涂漆区内一般不设置电气设备。如果必须设置时，应符合国家有关爆炸危险场所电气安全的规定，实现电气整体防爆。喷漆区的电气接线和设备应符合爆炸危险场所1区的规定。同时不得引入非防爆的临时电气设备。

任何位于喷漆室或喷漆房外附近规定的危险区域的电气接线和设备应符合2区爆炸危险区域的规定。正在进行喷涂作业的喷漆区不应使用任何便携灯。如果喷漆区内无法用固定灯具照明的区域，在使用便携灯具时应符合1区的要求。

4．喷漆室应是一个完全封闭或半封闭的、具有良好机械通风和照明设备的、专门用于喷涂涂料的房间或围护结构体。室内气流组织能防止漆雾、溶剂蒸气向外逸散，并使其集中安全引入排风系统。

喷漆室应有使用单位会同设计单位（或选用单位）和制造厂在各项设计性能指标检验和性能检测齐全的竣工验收资料。喷漆室应每年至少进行一次通风系统效能技术测定和电气安全技术测定，并将测定结果记入档案。喷漆室应设置安全通风装置和去除漆雾装置。大型喷漆室除应配置排风系统外，还应配置送风系统。

5．喷漆室所在建筑物应按规定配置足够自动或手动灭火装置或灭火器，连续喷漆作业中的大型喷漆室、流平室、供调漆室应设自动灭火系统。大型喷漆室宜设置多点可燃气体检测报警仪，其报警浓度下限值应调整在所监测的可燃气体浓度（体积）爆炸极限下限的25%。

6．喷漆区和爆炸危险区域2区内不应设置有引起明火、火花的设备和外表超过喷涂涂料自燃点温度的设备。大型喷漆室送风系统所配置的加热器，无论何种类型，均不得布置在室内。

7．喷漆设备、烘干设备和通风系统应有连锁装置。当烘干设备处于运行或带电状态时，喷漆设备应自锁或整体移出。烘干设备运行前应移走喷漆室内所有的易燃和可燃液体。

8．喷漆室应采用独立的排风系统。大型喷漆室除必须配置排风系统外，还应配置送风系统，冬季送风温度不得低于12℃。喷漆室的排风管道不得与其他工艺用通风管道连接。喷漆室的排风管道和送风管道的设计、安装、使用应符合相关规定，电气装置必须符合其相应的电气防爆安全技术与管理的规定。

9．喷漆室室体及与其相连接的送风、排风管道应采用不燃材料制备。室体内表面应平滑、连续而无棱角。喷漆室的地面应采用不产生火花的材料制备，或敷设不产生火花的材料。

10．大型喷漆室的内部高度不低于2 m。室内任何操作位置至作业人员出口应畅通无阻，如果仅有一个出口，其宽度应不小于0.9 m，门应向外开。当工件出入口采用甲级防火卷帘门时，应具有断电时手动开启的装置。

11．喷漆室或喷漆房的所有导电部件、送排气管、喷漆设备、被喷涂的工件、供漆容器及输漆管路均应可靠接地，设置专用的静电接地体，其接地电阻值应小于100 Ω。

静电喷漆室当采用非静电导体（如混凝土或石材等）制备室体时，为防止带电绝缘体对作业人员造成电击，利用设置在带电绝缘体附近的感应式静电消除器使空气电离，或在绝缘室体内配置适量导电材料，控制其静电电位在5 kV以下。采用手工静电喷漆设备的静电喷漆室地面应铺设导电面层，其电阻值符合要求。静电喷漆室的其他防静电要求符合相关规定。

12．与喷漆室配套的风机、泵、电动机、过滤器等部件易发生故障处，宜配置有声响或声光组合的报警装置，并与喷漆操作动力源连锁。配套的气管、水管、涂料管和电线管外观颜色应符合相关规定。

13．喷漆室内操作和维修工作位置在室内地坪2 m以上时，应配置供站立的平台和扶梯，以及防坠落的栏杆、安全网、防护板，并应符合相关规定。

二、行为安全要点

1．喷漆作业人员应接受喷漆作业专业及安全技术培训后方可上岗。操作人员必须经过厂级、车间、班组的安全教育，外来劳动、实习人员未进行安全教育不得进入喷漆房劳动，操作人员不得将手机、火柴、打火机等“火种”带入生产岗位。

2．操作人员应穿纯棉织品工作服，不能穿带钉鞋进入生产岗位，车间各操作点不得使用化纤类织物的拖把、揩布等工具。不得将非防爆电器带入。

3．喷漆作业人员工作时，工作场所空气中有毒物质容许浓度应符合相关规定。作业中应设专人定时测定密闭空间内空气中氧含量和可燃气体浓度，氧含量应在18%以上，可燃气体浓度应低于爆炸下限的10%。

4．局限空间内油漆作业至少配备两人共同操作。若作业场所过于狭小，仅能容纳单人操作时，另外一人应负责监护。

5．喷漆作业中使用的劳动防护用品应符合相关规定。喷漆操作中使用的物料不得与皮肤接触，宜采用防护服、防护眼镜或长管面具与人体隔离。操作时必须戴上防护眼镜、防护面具和防护手套，以防油漆等溅入眼中。

6．多支喷枪同时作业，应拉开间距（5 m左右），并按一定的、同一方向进行喷涂。任何时候不准将喷枪嘴对着别人及自身；不得用手指触摸喷嘴或窥视枪口；喷枪头不能松动；清扫喷枪时，要切断泵驱动源，放掉压力，并使安全装置销往喷枪，才能进行清扫；喷枪停止使用时，必须把安全闩销住。

7．特涂作业，其喷涂设备及软管应设专人管理。若设备出现故障或有异常情况，首先通知人员撤出舱外，并由维修职员检验。

8．静电喷漆时，作业人员应穿导电鞋，并符合相关规定。

9．喷漆作业结束后，操作工必须将剩漆等加盖装箱保管好，吸尘风机应继续工作10分钟。应及时对工作场所进行清理，将剩余的涂料和溶剂及时送回仓库，不准随便乱放。喷漆操作中所用溶剂或稀释剂不得当作皮肤清洁剂使用。

10．涂漆区内停止作业维修喷漆室时，若需采用电焊、气焊、喷灯等明火作业，必须经企业安技部门审查批准，严格执行动火安全制度，遵守安全操作规程。并彻底清除室体内和排风管道内的可燃残留物，配置足够的灭火器材。

三、作业环境安全要点

1．喷漆室排到空气中的漆雾和溶剂蒸气，当影响四周环境空气质量时，应经净化处理，使其应达到相关规定，再排入大气。人口密集和对环境有特殊要求的地区，有害气体的排放量应符合地方标准的要求。

2．喷漆室的各个噪声源部件及其风管、水管应采取减振、隔振、消声和隔声措施，使其噪声级对操作位置的影响不得大于85 dB（A）。对四周环境及居民区有影响时，应采取噪声综合治理措施，并符合相关规定。

3．在以水为排毒介质的喷漆室应设置气水分离器和集水池，气水分离器宜设置检修门，集水池宜设置稳定水位装置。集水池内宜加入弱碱性漆雾凝聚剂，并设置供集块状漆渣排出的排渣口。

4．喷漆室内各种可燃残留物及受其污染的垃圾，以及沾有涂料和溶剂的棉纱、抹布等物料，必须及时清理，放入带盖的金属桶内，妥善处理。

5．喷漆室室体内壁、管道内外表面和用固体材料为排毒介质的漆雾去除装置的气流通流部分所残留的各种可燃积聚物，必须及时清除。清除时用刮板、刮刀或其他类似工具，必须选用不发生火花的材料制作。

第六章 危险化学品储运与机械工厂现场安全

第一节 危险化学品储运安全

一、易燃易爆仓库

1．危险化学品必须储存在经有关部门批准设置的专门的危险化学品仓库中，未经批准不得随意设置化学危险品储存仓库。

2．甲、乙类库房内不应设置办公室、休息室，并不应贴邻建造。

3．甲、乙类仓库不应设置在地下或半地下。

4．甲类仓库之间的防火间距不应小于20 m。

5．甲类仓库到厂外道路路边距离不应小于20 m，到厂内主要道路路边距离不应小于10 m，到次要道路路边距离不应小于5 m。

6．每座仓库的安全出口数目不应少于2个，但当一座仓库的占地面积小于300 m^2时可设置1个门。通向疏散走道或楼梯的门应为乙级防火门。

7．甲类物品仓库宜单独设置；当其储量小于5 t时，可与乙、丙类物品仓库共用一栋建筑物，但应设独立的防火分区。

8．对于可能产生爆炸性混合气体或在空气中能形成粉尘、纤维等爆炸性混合物的仓库内应采用不发生火花的地面，需要时应设防水层。

9．库房内应设置可燃气体检（探）测器，每隔15 m设一台可燃气体检测器，而且距其所覆盖范围内的任一释放源不宜大于7.5 m。

10．可燃及有毒气体浓度报警器的安装高度，应按探测介质的密度以及周围状况等因素确定。当被监测气体的密度小于空气的密度时，可燃气体监测探头的安装位置应高于泄漏源上0.5～2 m；当被监测气体的密度大于空气的密度时，安装位置应在泄漏源下方，但距离地面0.3～0.6 m。

11．汽车、拖拉机不准进入甲、乙、丙类物品库房。进入甲、乙类物品库房的电瓶车、铲车应是防爆型的；进入丙类物品库房的电瓶车、铲车应装有防止火花溅出的安全装置。

12．甲、乙、丙类液体库房，应设置防止液体流散的设施。遇水燃烧爆炸的物品库房，应设有防止水浸渍损失的设施。

13．爆炸物品不准和其他类物品同储存，必须单独隔离限量储存。仓库不准建在城镇，还应与周围建筑、交通干道、输电线路保持一定安全距离。

14．压缩气体和液化气体必须与爆炸物品、氧化剂、易燃物品、自燃物品、腐蚀性物品隔离储存。易燃气体不得与助燃气体、剧毒气体同储存；氧气不得与油脂混合储存。盛装液化气体的容器属压力容器的，必须有压力表、安全阀、紧急切断装置，并定期检查，不得超装。

15．易燃液体、遇湿易燃物品、易燃固体不得与氧化剂混合储存，具有还原性的氧化剂应单独存放。

16．自燃物品：黄磷，烃基金属化合物，浸动、植物油制品须分别专库储藏。

17．遇湿易燃物品专库储藏。

18．甲醇、乙醇、丙酮等应专库储存。

19．袋装硝酸铵仓库的耐火等级不应低于二级。仓库内严禁存放其他物品。

20．一、二级无机氧化剂与一、二级有机氧化剂必须分别储藏，但硝酸铵、氯酸盐类、高锰酸盐、亚硝酸盐、过氧化钠、过氧化氢等必须分别专库储藏。

21．通风管道不宜穿过防火墙等防火分隔物，如必须穿过时应用非燃烧材料分隔。

22．受日光照射能发生化学反应引起燃烧、爆炸、分解、化合或能产生有毒气体的化学危险品应储存在一级建筑物中。其包装应采取避光措施。

23．堆垛。

（1）不允许直接落地存放。根据库房地势高低，一般应垫高15 cm以上。遇湿易燃物品、易吸潮溶化和吸潮分解的商品应根据情况加大下垫高度。

（2）一般垛高不超过3 m。

（3）堆垛间距：

①主通道大于等于180 cm；

②支通道大于等于80 cm；

③墙距大于等于30 cm；

④柱距大于等于10 cm；

⑤垛距大于等于10 cm；

⑥顶距大于等于50 cm。

24．每天对库房内外进行安全检查，检查内容包括易燃物应清理、货垛牢固程度和异常现象等。

25．操作易燃液体需穿防静电工作服，禁止穿带钉鞋。大桶不得直接在水泥地面滚动。桶装各种氧化剂不得在水泥地面滚动。

26．库房内不准分、改装，开箱、开桶、验收和质量检查等需在库房外进行。

27．分区存放的物质应设置所存放物质名称的标牌。

28．库房门口设静电释放球。

29．库房应采用不发生火花的地面。

30．库房周围应无杂草和易燃物。

31．库房内所有电器设备应为防爆型。

32．应设置安全疏散指示标志。

33．按规范设置消防器材。

二、易燃易爆罐区

1．有毒有害和易燃易爆化学品储罐必须安装液位、温度、压力超限报警设施、气体泄漏检测报警系统和火灾报警系统，并确保适用状态。

2．气体检测器设置：当检（探）测点位于释放源的全年最小频率风向的上风侧时，可燃气体检测点与释放源的距离不宜大于15 m，有毒气体检测点与释放源的距离不宜大于2 m。当检（探）测点位于释放源的全年最小频率风向的下风侧时，可燃气体检测点与释放源的距离不宜大于5 m，有毒气体检测点与释放源的距离不宜大于1 m。

3．可燃气体及有毒气体浓度报警器的安装高度，应按探测介质的密度以及周围状况等因素确定。当被监测气体的密度小于空气的密度时，可燃气体监测探头的安装位置应高于泄漏源0.5 ~ 2 m；当被监测气体的密度大于空气的密度时，安装位置应在泄漏源下方，但距离地面0.3 ~ 0.6 m。

4．液化气体、剧毒液体等重要储罐必须要设置紧急切断装置。

5．液化石油气储罐组或储罐区四周应设置高度不小于1.0 m的不燃烧体实体防护墙。

6．甲、乙、丙类液体储罐成组布置时，组内储罐的布置不应超过两排。甲、乙类液体立式储罐之间的防火间距不应小于2.0 m，卧式储罐之间的防火间距不应小于0.8 m。

7．甲、乙、丙类液体的地上式、半地下式储罐或储罐组，其四周应设置不燃烧体防火堤。防火堤的设置应符合下列规定：

（1）防火堤内的储罐布置不宜超过2排，单罐容量小于等于1 000 m。且闪点大于12 CC的液体储罐不宜超过4排。

（2）防火堤的有效容量不应小于其中最大储罐的容量。对于浮顶罐，防火堤的有效容量可为其中最大储罐容量的一半。

（3）防火堤内侧基脚线至立式储罐外壁的水平距离不应小于罐壁高度的一半。防火堤内侧基脚线至卧式储罐的水平距离不应小于3.0 m。

（4）立式储罐防火堤的设计高度应比计算高度高出0.2 m，而且其高度应为1.0～2.2 m（以堤外3 m范围内设计地坪标高为准），卧式储罐防火堤的高度不应低于0.5 m（以堤内设计地坪标高为准）；并应在防火堤的适当位置设置灭火时便于消防队员进出防火堤的踏步。

（5）沸溢性液体地上式、半地下式储罐，每个储罐应设置一个防火堤或防火隔堤。

（6）含油污水排水管应在防火堤的出口处设置水封设施，雨水排水管应设置阀门等封闭、隔离装置。

（7）在防火堤内雨水沟穿堤处应采取防止可燃液体流出堤外的措施。

（8）在防火堤的不同方位上应设置人行台阶或坡道，同一方位上两相邻人行台阶或坡道之间距离不宜大于60 m；隔堤应设置人行台阶。

8．罐区出入口设置静电释放球。

9．应设置安全警示标识及储物料的 mSDS。

10．按规范要求设喷淋、洗眼器并保持完好。

11．甲、乙、丙类液体储罐区，液化石油气储罐区，可燃、助燃气体储罐区，应与装卸区、辅助生产区及办公区分开布置。

12．甲B、乙类液体的固定顶罐应设阻火器和呼吸阀；对于采用氮气或其他气体气封的甲B、乙类液体的储罐还应设置事故泄压设备。

13．甲乙类液体储罐到厂内主要道路路边不应小于15 m，到次要道路路边不应小于10 m。

14．多品种的液体罐组内应按下列要求设置隔堤：

（1）甲B、乙A类液体与其他类可燃液体储罐之间。

（2）水溶性与非水溶性可燃液体储罐之间。

（3）相互接触能引起化学反应的可燃液体储罐之间。

15．储罐的进出口管道应采用柔性连接。

16．甲、乙类罐组四周道路边应设置手动火灾报警按钮，其间距不宜大于100 m。

17．液化烃的储罐应设液位计、温度计、压力表、安全阀，以及高液位报警和高液位自动联锁切断进料措施。对于全冷冻式液化烃储罐还应设真空泄放设施和高、低温度检测，并应与自动控制系统相连。

18．液化烃储罐的安全阀出口管应接至火炬系统。若就地放空，其排气管口应高出8 m范围内储罐罐顶平台3 m以上。

19．气柜或全冷冻式液化烃储存设施内，泵和压缩机等旋转设备或其房间与储罐的防火间距不应小于15 m。

20．罐组的专用泵区应布置在防火堤外，与储罐的防火间距应符合下列规定：

（1）距甲A类储罐不应小于15 m。

（2）距甲B、乙类固定顶储罐不应小于12 m，距小于或等于500 m^3的甲B、乙类固定顶储罐不应小于10 m。

（3）距浮顶及内浮顶储罐、丙A类固定顶储罐不应小于10 m，距小于或等于500 m^3的内浮顶储罐、丙A类固定顶储罐不应小于8 m。

21．易燃液体储罐应设置绝热设施或降温设施，现场电器设施应为防爆电器。

22．易燃、可燃液体和可燃气体储罐区内不应有与储罐无关的管道、电缆等穿越，与储罐区有关的管道、电缆穿过防火堤时洞口应用不燃材料填实，电缆应采用跨越防火堤方式铺设。

23．液氧储罐5.0 m范围内不应有可燃物和设置沥青路面。

24．储罐接地、跨接应规范、完好。

25．按规范要求配备消防设施。

26．可燃气体、液化烃、可燃液体的钢罐必须设防雷接地，并应符合下列规定：甲B、乙类可燃液体地上固定顶罐，当顶板厚度小于4 mm时，应装设避雷针、线，其保护范围应包括整个储罐；浮顶罐及内浮顶罐可不设避雷针、线，但应将浮顶与罐体用两根截面不小于25 mm^2的软铜线作电气连接。

三、一般危险化学品罐区

1．储罐应设围堰。

2．丙类液体储罐到厂内主要道路路边不应小于10 m，到次要道路路边不应小于5 m。

3．助燃剂、强氧化剂及具有腐蚀性液体储罐与可燃液体储罐之间应设置隔堤，禁忌物料储罐之间应设隔堤。

4．储存温度高于100℃的丙B类液体储罐应设专用扫线罐。

5．设有蒸汽加热器的储罐应采取防止液体超温或温度过低的措施。

6．储存腐蚀性液体的罐区地坪防腐应完好。

7．玻璃液位计应设防护套。

8．按规范要求设喷淋、洗眼器并保持完好。

9．设备接地应完好。

10．输送腐蚀性液体的泵区地坪防腐完好，泵周围设围堰。

四、一般危险化学品仓库

1．储存危险化学品的仓库必须配备有专业知识的技术人员，其库房及场所应设专人管理，管理人员必须配备可靠的个人安全防护用品。

2．储存的危险化学品应有明显的标志，标志应符合相关规定。同一区域储存两种或两种以上不同级别的危险品时，应按最高等级危险物品的性能标志标示。

3．根据危险品性能分区、分类、分库储存。各类危险化学品不得与禁忌物料混合储存。

4．储存危险化学品的建筑必须安装通风设备，并注意设备的防护措施。

5．在丙、丁类仓库内设置的办公室、休息室，应采用耐火极限不低于2.50小时的不燃烧体隔墙和1.00小时的楼板与库房隔开，并应设置独立的安全出口。如隔墙上需开设相互连通的门时，应采用乙级防火门。

6．在可能散发有毒气体的库房内应设置有毒气体检（探）测器，而且距释放源不宜大于1 m。

7．腐蚀性物品，包装必须严密，不允许泄漏，严禁与液化气体和其他物品共存。

8．储存危险化学品的仓库，必须建立严格的出入库管理制度。

9．禁止在化学危险品储存区域内堆积可燃废弃物品。

10．储存腐蚀性化学品的库房，货垛下应有隔潮设施，一般不低于15 cm。

11．腐蚀性化学品堆垛要求

（1）堆垛高度：

①大铁桶液体立码，固体平放，一般不超过3 m；

②大箱（内装坛、桶）1.5 m；

③化学试剂木箱2 ~ 3 m；

④袋装3 ~ 3.5 m。

（2）堆垛间距：

①主通道大于等于180 cm；

②支通道大于等于80 cm；

③墙距大于等于30 cm；

④柱距大于等于10 cm；

⑤垛距大于等于10 cm；

⑥顶距大于等于50 cm。

12．按规范要求设置喷淋、洗眼器并保持完好。

13．仓库内应设置安全警示牌、危险物质安全告知牌。

14．分区存放的物质应设置所存放物质名称的标牌。

15．按规范设置灭火器。

五、危险化学品露天存放

1．危险化学品露天堆放，应符合防火、防爆的安全要求，爆炸物品、一级易燃物品、遇湿燃烧物品、剧毒物品不得露天堆放。

2．遇火、遇热、遇潮能引起燃烧、爆炸或发生化学反应，产生有毒气体的化学危险品，不得在露天或在潮湿、积水的建筑物中储存。

3．桶装、瓶装甲类液体不应露天存放。

4．垛距限制2 m，通道宽度4～6 m，与禁忌品距离10 m。

5．储存腐蚀性化学品的货棚或露天货场，货垛下应有隔潮设施，一般不低于30 cm。

6．可燃材料堆场，应与装卸区、辅助生产区及办公区分开布置。

六、剧毒化学品仓库

1．剧毒化学品应当在专用仓库内单独存放。

2．实行“五双”保管制度：储存保管环节双人管、双把锁、双人收发、双人领退、双方签字，保管人员每天核对剧毒化学品实际储存情况。

3．剧毒化学品应当储存在专用设施内，必须根据性能分区、分类、分库存放，并设置明显的标识，附近应当设置值班室。

4．仓库若有玻璃窗，窗户应安装铁栅栏。铁栅栏钢筋直径不少于12 cm，栅杆间距不超过10 cm。

5．防盗保险柜应当不低于《防盗保险柜（箱）》（GB 10409-2019）中A类防盗保险柜标准，质量小于340 kg的要固定在混凝土地面或墙壁上。

6．应当安装视频监控系统。储存场所周边宜加装电子巡更系统，并符合以下要求：

（1）封闭式储存场所（指墙体和屋顶间封闭的专用仓库或防盗保险柜），应加装由红外等入侵探测器组成的入侵报警系统。

（2）半封闭式储存场所（指周围用砖墙或铁栅栏围栏，围栏与屋顶间不封闭的专用场地），宜加装由周界等入侵探测器组成的入侵报警系统。

（3）敞开式储存场所（指周围不封闭的专用场地）的槽罐阀门，徒手能打开的应加装防破坏装置。

7．周界入侵探测器应当安装在库房的四周，其他入侵探测器应当安装在储存场所的出入口、窗口或内部。

8．库区无人员、车辆进出时，周界入侵报警装置应当进入设防状态；储存场所关闭时，其他入侵报警装置应当进入设防状态。入侵报警装置的撤防时间一般不得超过2小时。

9．入侵报警装置应当接入或安装在值班室或独立设置的监控室，并与110报警服务台或当地派出所联网，或与其他主管部门联网。

10．前端探头的监视范围，应当覆盖库区进出通道、库房出入口和其他储存场所等重要部位。前端探头处于粉尘环境的，应加装防护罩。

11．监控终端应当安装在值班室或监控室，并预留远程接口。监视图像能实时显示、清晰稳定，并按设计要求进行记录。

12．图像记录应当采用数字录像设备，保存时间不少于30天。回放图像连续、稳定，能明确辨识被摄人员、车辆和其他主要物品标识性特征。

13．仓库宜安装防盗锁，安装挂锁的应加装防撬剪装置。

14．储存场所为本单位的治安保卫重要部位，实施重点保护。重要部位设置的治安防范设施，应当达到《危险物品单位“三防”要求》。

15．配备必要的应急救援器材和个人防护用品。

七、危险化学品运输（含装卸）

1．危险化学品运输车辆应当悬挂或者喷涂符合国家标准要求的警示标志。

2．危险化学品的装卸作业应当遵守安全作业标准、规程和制度，并在装卸管理人员的现场指挥或者监控下进行。

3．运输危险化学品，应当根据危险化学品的危险特性采取相应的安全防护措施，并配备必要的防护用品和应急救援器材。

4．用于运输危险化学品的槽罐以及其他容器应当封口严密，能够防止危险化学品在运输过程中因温度、湿度或者压力的变化发生渗漏、洒漏；槽罐以及其他容器的溢流和泄压装置应当设置准确、起闭灵活。

5．甲B、乙、丙A类的液体严禁采用沟槽卸车系统。

6．顶部敞口装车的甲B、乙、丙A类的液体应采用液下装车鹤管。

7．甲B、乙、丙A类液体的装卸车应采用液下装卸车鹤管。

8．液化烃严禁就地排放。

9．进入化学危险品储存区域的人员、机动车辆和作业车辆，必须采取防火措施。

10．装卸、搬运化学危险品时应按有关规定进行，做到轻装、轻卸，严禁摔、碰、撞、击、拖拉、倾倒和滚动。

11．装卸对人身有毒害及腐蚀性的物品时，操作人员应根据危险性穿戴相应的防护用品。

12. 不得用同一车辆运输互为禁忌的物料。

13. 修补、换装、清扫、装卸易燃、易爆物料时，应使用不产生火花的铜制、合金制或其他工具。运输易燃、易爆物品的机动车，其排气管装阻火器，并符合危险化学品的运输资质。

14. 危险化学品装卸前，应按有关规定对车辆进行静电导出、通风、静止等操作。

15. 运输危险化学品的车辆，应按指定路线限定速度行驶。

16. 可燃、易燃液体罐车在装卸地点应有接地装置、安全操作空间和防止操作人员从罐车上坠落的措施。

17. 储罐汽车在装卸作业前，应采用专用接地线及接地夹将汽车、储罐与装卸设备等电位连接。作业完毕封闭储罐盖后方可拆除。

18. 企业应雇用有资质的单位运输危险化学品。

第二节　机械工厂现场安全

一、通用安全要求

1. 储存、使用危险化学品应按规定取得安全许可并建立严格的安全管理制度。

2. 锅炉、起重机械、工业管道、厂内机动车辆等危险性较大的特种设备应按规定进行检验检测。

3. 工业梯台的宽度、角度、梯级间隔、护笼设置、护栏高度等应符合要求；结构件没有松脱、裂纹、扭曲、腐蚀、凹陷或凸出等严重变形；梯脚防滑措施、轮子的限位和防移动装置应完好。

4. 锻造机械中锤头、操纵机构、夹钳、剁刀不应有裂纹，缓冲装置应灵敏可靠。铸造机械应有足够的强度、刚度及稳定性，管路应密封良好，控制系统应灵敏，有急停开关；防尘、防毒设施应完好。两类机械的安全装置和防护装置应齐全可靠。

5. 运输（输送）机械传动部位安全防护装置应齐全可靠，应设置急停开关，启动和停止装置标记应明显，接地线应符合要求。

6．金属切削机床防护罩、盖、栏，防止夹具、卡具松动或脱落装置，各种限位、联锁、操作手柄应完好有效；机床电器箱、柜与线路应符合要求；未加罩旋转部位锲、销、键不得有凸出；磨床旋转时无明显跳动；车床加工超长料时有防弯装置；插床设置防止运动停止后滑枕自动下落的配重装置；锯床的锯条外露部分应有防护罩和安全距离隔离。

7．冲、剪、压机械的离合器、制动器、紧急停止按钮应可靠、灵敏，传动外露部分安全防护装置应齐全可靠，防伤手安全装置应可靠有效，专用工具应符合安全要求。

8．木工机械的限位及联锁装置、旋转部位的防护装置、夹紧或锁紧装置应灵敏、完好可靠；跑车带锯机应设置有效的护栏；锯条、锯片、砂轮应符合规定，安全防护装置应齐全有效。

9．装配线的输送机械防护罩（网）应完好，无变形和破损；翻转机械的锁紧限位装置应牢固可靠；吊具、风动工具、电动工具应符合相关要求；运转小车应定位准确、夹紧牢固、料架（箱、斗）结构合理，放置平稳；过桥的扶手应稳固，踏脚高度应合理，平台防滑应可靠；地沟入口盖板应完好无变形，沟内清洁无积水、积油和障碍物。

10．砂轮机的砂轮不应有裂纹和破损，托架安装牢固可靠，砂轮机的防护罩应符合要求；砂轮机运行应平稳可靠、砂轮磨损量不应超标。

11．电焊机的电源线、焊接电缆与焊接机连接处应有可靠屏护，保护接地线应接线正确，连接可靠。

12．注塑机的防护罩、盖、栏应牢固且与电气联锁，液压管路连接应可靠，油箱及管路应无漏油，控制系统开关应齐全完好。

13．手持电动工具应按规定配备漏电保护装置，绝缘电阻、电源线护管及长度应符合要求，防护罩、手柄应完好，保护接地线应连接可靠。风动工具的防松脱锁卡防护罩应完好，气阀、开关应完好不漏气，气路密封无泄漏，气管无老化、腐蚀。

14．移动电器绝缘电阻、电源线应符合要求，防护罩、遮栏、屏护、盖应完好无松动，开关灵敏可靠且与荷载相配备。

15．各种电气线路的绝缘、屏护良好，导电性能和机械强度符合要求，保护装置齐全可靠，护套软管绝缘良好并与负荷配备，敷设符合要求。

16. 涂装作业场所电气设备防爆、通风，涂料存量、消防设施隔离措施应符合要求。

17. 作业场所的器具、物料应摆放整齐，车间车行道和人行道应符合要求，地面平整整洁、无障碍物，坑、壕、池应设置盖板或护栏；采光照明应符合要求；消防设施应符合要求。

二、机械钳工岗位安全

（一）工作前

1. 工作场地要清理整洁，检修的机械设备外部特别是手扶脚蹬的地方不得有油脂污垢。

2. 设备大修需要移位时，必须联系电气人员切断电源，把导线裸露部分用胶布缠好。

3. 对所检修的设备，必须首先有效切断电源，关闭风、气、油、水等动力阀门，并挂上“有人工作，严禁合闸”等警示标志牌，实行“挂牌上锁”。

（二）工作中

1. 不得站在容易滚动的工作物件旁边或脚蹬在活动的地方。

2. 对大型或不稳定的零部件，下面必须用方木垫平，不得有活动或滚动的情况。

3. 使用吊具拆卸机械上的较重机件时，必须捆绑牢固后再松螺栓；装配时，也要紧好螺栓再松捆绑钢丝绳。

4. 丝杠、光杠或铁棍、撬棍等，不得斜立在机械设备上。

5. 铲刮作业时，被铲、刮的工件必须稳固。

6. 有压力的机械，在检修前必须打开安全阀泄压。有冷却装置的机械，必须打开排水管排出积水，关闭进水阀停止进水。

7. 检修有易燃、易爆或有毒危险等设备时，必须将易燃、易爆或有毒物质彻底清除干净后，方可开始检修。

8. 机械设备拆卸解体如分上下两部分同时进行作业时，不准上下两部分在垂直方向同时进行工作，以防工件或工具坠落伤人。

9. 使用搬运车时，机械零部件要捆绑牢固。推车时，要注意瞭望。装卸车时，防止偏载伤人；车轮要用方木掩住，以防滚动。

10. 用人力移动工件，参加人员要密切配合，一人指挥，协调动作；所用工具安全可靠。

11. 拆卸齿轮时，手不得扶在齿轮的滚动处。

12. 安装时，不准将手指伸入转动的螺孔里摸试，以防挤伤。

13. 组装机械设备时，要检查各部件是否有裂纹、各部件安装应牢固、有无机件遗留在传动部位里。

14. 使用风管吹扫工件时，不可对人直吹，周围有人或有需防尘的工件时必须安排妥当后方可吹扫。

15. 用油清洗零部件时，距工作地点5 m以内严禁烟火。废油必须妥善处理，不得乱倒。严禁用汽油清洗零部件。

（三）工作后

必须撤离岗位上的所有检修人员，设备操作人员必须到现场确认确无人员在设备内或设备上，方可开机。

三、修理装配钳工岗位安全

（一）工作前

对所修理装配的设备，必须切断电源、风、气、油、水等动力开关，并挂上安全警示标志牌，实行“挂牌上锁”。

（二）工作中

1. 装拆机械设备时，手脚不得放在或蹬在机床转动的部位。

2. 多人装配和拆卸零部件时，必须由专人指挥，行动一致，密切配合。

3. 使用钻床不准戴手套、围巾，不准手握棉纱。工件要装卡牢固，不得用手扶。钻下的和钻头上的铁屑不得用手拿或用嘴吹。

4. 刮剔、錾锉工件时，要注意周围环境，防止铁屑、刀刃伤人。

5. 拆卸有弹性的零件时，要防止突然弹出伤人。

6. 递接材料、零部件时，禁止投掷。

7. 当轴类零件插入机床组合时，禁止用手指引导或用手插入孔内探测。

（三）工作后

工作结束后，对修理装配未完的机械设备，应采取可靠的安全防护措施。检修完毕后，应将拆掉的安全栏杆、安全罩及其他防护装置恢复原状，并做到工完场清。

四、管道钳工岗位安全

（一）在地沟内工作时

1. 沟、井盖掀起后，必须妥善存放。进地沟前要检查，要办理进入受限空间作业证。确认无可燃有害气体，无塌方、下沉现象后，方可进入施工。

2. 入地沟工作时，外面必须有人监护，随时联系。

3. 在接近行人、车辆通行的地沟内工作时，必须根据环境设置栏，并挂上安全警示标志。

（二）在室内外工作时

1. 开风、水、汽等阀门必须缓慢进行，身体和头部要躲开正面，以免迸出伤人。

2. 禁止在有压力的气、管道及设备上进行修理工作。厂房内暖气和水管冻裂时禁止用火烤。

3. 多人搬运沉重物件时，要有专人统一指挥，密切配合。

（三）使用工具

1. 套丝时，先检查后挡。使用时要注油。套丝时用力要均衡。

2. 拉锯时，用力不要过猛和过快，以免锯条折断伤人。

3. 使用管钳必须符合规定，不准用加力管。

4. 水压试验，压力表要校对好。管子或部件水压试验时，不准超过规定标准。升压要缓慢进行。

（四）工作后

将井盖、沟盖盖好，清除现场作业垃圾，防止行人跌伤。

五、机床岗位安全

（一）总体要求

1. 一切机床的操作者都应经过技术培训，方能操作指定设备，并执行操作规程。

2. 机床的操作者必须熟悉所操作机床的结构、性能和日常维护保养方法。

3. 机床电气接地必须良好，各种安全防护装置不许随意拆除。

4. 机床照明一律使用36 V以下的低压灯，并定位牢固，照明效果良好。

5. 机床附件要定期由专业人员负责进行技术状态检查、检修或更换。

6. 机床进行擦拭或定期保养工作时，必须先关闭总电源。

7. 机床上的通风、除尘、排毒装置，应与主机同时养护，定期清扫污染物，保持正常使用，防止污染。

（二）工作前

1．必须正确佩戴劳动防护用品，工作服上衣领口、袖口、下摆应扣扎好。设备运转时，操作者不准戴手套，不准穿拖鞋、凉鞋、高跟鞋或其他不符合安全要求的服装。

2．上岗前严禁喝酒。

3．整理好工作场地，清除操作范围内的一切障碍物以及地面的油污、水渍。

4．查看机床“交接班记录”，检查机床防护保险、信号装置、电器限位、制动、润滑、照明等安全设施应良好、齐备，各手柄位置应正确。

5．按动电钮前，必须检查机床的转动体和往复运动的工作台面上有无未紧固的工件或搁置的工具等其他杂物，机床周围有无妨碍机件运动的堆积物品。

6．认真检查机床上的刀具、夹具，工件装卡应牢固正确、安全可靠，保证机床运转中倒车、换向和加工过程中受到冲击时不致松动、脱落而发生事故。

7．工件上机床前，无论是毛坯还是半成品，都要认真清除毛刺、飞边、油污和铸造黏砂等，防止装卡时伤手和旋转时沙尘飞溅造成事故。

8．在机床试运转3～5分钟未发现异常后，才能作业。

（三）工作中

1．操作者必须熟悉加工产品的工艺程序要求，不准带病或超负荷使用机床。

2．机床在运行中严禁下列动作：

①擦拭机床，给机床注油；

②摘挂皮带，换挡变速；

③检查刀具刃口，紧固压力螺栓或其他转动部位螺栓、螺帽；

④更换刀具或装卸工件；

⑤测量工件尺寸，用手抚摩工件或刀头以清除金属切屑；

⑥隔着床身或刀杆拿取物件或传递工件；

⑦使用已损坏的或钝化了的刀刃具强行切削；

⑧攀登或翻越机床打扫卫生，对机床进行保养；

⑨离开机床，搬运配件或做其他事情。

3．有下列情况时必须立即停车，并关闭电源：

①电源突然中断时；

②机床限位及其他控制设施失灵时；

③机械或电气有不正常的异响、高温（温度达50～60℃以上）、冷却或润滑突然中断时；

④机床突然发生局部故障或事故时；

⑤操作者需要离开机床或处理其他工作时。

4．加工的成品与未加工品要整齐地放在固定位置，而且与机床保持至少0.5 m的间距。

5．严禁在机床对面观察加工情况或与工作者谈话。

（四）工作后

1．首先切断电源，关闭气（汽）阀、水阀，认真清扫机床，整理工地，放好加工零件，将机床操作手柄停放在零位。

2．对本班不能完成的加工件，应将刀具退到安全位置。车工加工大工件时，应加支持件，并向下一班详细介绍情况。

3．认真填写交接班记录。

六、锻压机械安全

（一）设备检查

1．机器外露零部件包括安装在机器上的附属装置等必须符合安全要求。

2．机器工作时，如存在有因被加工材料、碎块（材料、模具破裂）、制件或液体等从机器中飞出或溅出而发生危险的情况，则应采取相应的防护措施，如设置透明的防护罩、隔板等，其强度必须能承受可以预料的负荷。

3．机器工作时，如存在有火焰、激光、高压水发射等而发生危险的情况，则应采取相应的防护措施，如分别设置隔热板和防止激光、高压水意外发射的装置等。对外露的运动、旋转零部件，一般应设置防护罩。罩与运动零部件间不得形成伤害人体的夹紧点。

4．工作部件行程（运动）一般应设置指示装置。

机器单向旋转的零部件，如飞轮等，一般应有转向指示装置。

大型机器的飞轮转动一般应设置飞轮制动器，制动时间应符合设计文件的规定。

5．上下砧不松动，销、榫坚固。

锤头砧体应安装紧固、无松动，防止在运动中脱落。固定用的销楔应无松动和凸出1.5 mm以上，检查时用手锤敲击判断松动情况，使用销楔处不宜用垫片。

6．锤头无裂纹。

锤头应无裂纹和破碎的缺陷，而且上下砧平行度小于1/300。

7．操纵机构灵敏、可靠。

操纵手柄、踏杆、按钮、制动机构手（脚）柄（杆）应灵活好用，以防止产生误动作。操纵机构应有防止意外触动致使设备误动作而造成事故的措施，按钮上必须注明“启动”“停止”等字样。

制动器必须可靠，摩擦离合器与制动器的动作应联锁，其联锁应协调、灵敏、可靠。

机器上必须设置紧急停止机构（按钮、手柄等），但紧急停止机构不能减小风险的机器除外。紧急停止机构应设置在使操作者或者需要操纵它的人员易于接近且无操作危险的地方。由多人协同操作的机器，每个操作点都应设置紧急停止机构。

8．安全装置和防护装置齐全、可靠。

机器必须根据其自身的结构特点和操作方式对工作危险区至少配置一种合适的安全防护装置，以防止操作者的手、指或身体其他部位无意地进入工作危险区。

超载保护装置的超载保护系数选用应合理，工作应可靠，动作应灵敏。超载保护装置的超载保护动作一般应与机器工作部件的操纵联锁，即使超载保护装置失效，工作部件也不得自动启动，除非重新进行操纵，但联锁影响机器工作的情况除外。

限位器、紧急制动器、溢流阀等安全装置应齐全有效，各种传动装置应有护罩、护网、护栏，防止人体的直接接触。

9．紧固部件无松动。

电动机、储气罐等不得松动。摩擦盘、飞轮、导轨压条等部位上紧固件不得松动，以防止运动件脱落或误操作。

10．操纵机夹钳、剁刀等辅助工具无裂纹。

大型设备配套使用的机夹钳、小型设备上的人力夹钳、自由锻时使用的剁刀等辅助工具受力部位应无裂纹，剁刀等工具受打击部位的硬度不应高于HRC30。

11. 储气罐等辅机安全状态良好。

储气罐、高压泵、控制柜（台）等辅机与主机安全运行有密切关系，储气罐应符合压力容器的评价要求。高压泵与控制柜都应处于完好的安全状态。

12. 设备、设施应合理布置，便于操作且基础牢固可靠。

13. 当需要在离地面3 m以上的高度对机器进行操作、维修和保养时，机器上一般应设置符合标准的平台和梯子。平台的铺板应防滑，梯子的阶梯应防滑。

（二）行为检查

1. 工作前必须佩戴好劳保护品，检查所有的工具（钳子、模具、垫铁、压棍、剁刀、冲子等）及辅助设备（吊车、滑链、链条）应无断裂现象并安全可靠。清理滑块行程空间和模具空间的杂物。冬季使用的工具要预热，冲子顶部不准淬火。

2. 启动主电动机前，应先试验离合器的电磁气阀，确认气阀动作和离合器、制动器动作准确、灵敏、可靠后才能启动主电动机。主电动机转向必须与规定方向相符。闭合高度的调正必须严格按照说明书规定的调正程序和方法进行。调正下顶料装置时，不准接通主电动机。做空运转试车或更换模具或调试闭合高度后，滑块的第一步行程只准用“寸动”。检查模具闭合高度和同心度应适当，确认无误后，再依次用“寸动”“一次行程”“连续行程”各工作程序操作。滑块运行时，不准头、手伸入模具封闭空间，不准用钳子伸入模具内矫正或取、放锻件。经常注意模具工作情况，如发现有松动现象就立即紧固。将锻坯放入模子及从模子取出锻件时，严禁把脚放在电源踏板上。

3. 使用钳子时，钳嘴必须与工件尺寸相符合并密切吻合，以保证夹持牢固可靠。操作时将钳子紧握身旁，不得正对腹部，手指不得放在两股钳腿之间，使用钳箍时必须将钳箍打紧。

4. 锤击开动时，掌钳统一指挥，严禁将手伸入锤头行程内拿放工具或从钻面上清除氧化铁皮。锤击过程中，严禁往砧面上塞放垫铁，必须等锤悬起平稳后方可放置。垫铁在砧面上放置的位置及要放入深度要恰当，以免打飞伤人。在进行锻造作业时，要集中精力，互相配合；要注意选择安全位置，躲开危险方向。

5. 剁料及冲孔，剁刀及冲子上的油、水必须擦拭干净，除持剁刀冲子者外其余人员要暂时闪开，料头飞出方向不准有人。

6．从模中投出工件或从工作中投出冲子时，必须垫平放稳，使用的圆垫必须平整合适，不准用畸形料头代替圆垫往下投活。

7．使用脚踏开关锤者，除遵守气锤安全操作规程外，特别在测量工件尺寸时，必须将脚撤离脚踏开关，以防误踏出事。

8．使用压力机前检查压力机传动系统，电机线路、丝杠、丝母、滑块、滑板应良好。

9．司锤工要按掌钳的指挥准确司锤，锤击时每一锤要轻打，等工具和锻件接触稳定后方可重击；锻件过冷、过薄、未放在锤中心、未放稳或有危险时均不得锤击，以免损坏设备、模具和震伤手臂，以及发生锻件飞出，造成伤人事故；严禁擅自落锤和打空锤。锻工、司炉互相传递工件或传运工件、装炉装车要牢固，以免滚落砸伤。不准用手或脚去清除砧面上的氧化皮，不准用手去触摸锻件；烧红的坯料和锻好的锻件不准乱扔，以免烫伤别人。

10．在工作中，不准赤脚、光膀和穿凉鞋。

11．工作后，应将滑块停在上死点上。

（三）作业环境

1．机器及其电气系统存在遗留风险的地方应在相应部位上做出明显警示性标志。警示性标志应符合规定。

2．机器的噪声应符合有关噪声限值标准的规定。

3．机器工作地点的震动，应采取有效的减震措施。

4．机器的工作区应根据需要设置局部照明装置，该装置应符合相关规定。

七、工业炉窑安全

（一）设备检查

1．炉门升降机构必须完好，钢丝绳断丝不得超过规定值，重锤配置适当，外露传动部分应设防护罩。

如果是水冷却的炉门，还要保证管道畅通，冬季管路不冰冻。炉门要有限位装置，进出炉时要有切断电源的联锁装置，钢丝绳在节距内断丝数不得超过10%，平衡炉门的重锤悬挂应可靠。要求外露传动部分的防护装置应保持正确的安装位置，结构合理，能防止人体各部分触及转动部分。

2. 炉车钢丝绳滑轮应完整无损。

炉窑上所有滑轮、链轮结构完好，无缺损，转动灵活。

3. 炉体的炉墙、炉衬应严密、无泄漏，要求耐火材料能经受热、腐蚀、摩擦和化学侵蚀，炉体的炉墙要保持完整，不得有缺损，耐火材料及其制品连接的缝隙不得漏气，同时要求炉窑的整体性必须坚固。

4. 锻造加热炉炉门巡回冷却水应保持正常流通，炉门巡回冷却水必须畅通，并在门上安装排气管。

5. 退火炉、供模炉炉门必须装有保险装置，使用电加热的炉窑设备必须有良好的接地（零）装置，接地（零）装置的接线柱处要有防护甲罩壳。

6. 煤气（天然气）炉气阀应完好，无松动、泄漏现象，气阀应能按照操作要求使开关停在任一位置上，特别是在火焰熄灭时能迅速切断燃料供给。气阀要求无松动和泄漏现象，保持其整体性和可靠性。

7. 重油炉油管、风管及加热管应无裂纹、无泄漏现象。各种不同用途的管道都要保持无泄漏、无裂纹、畅通，油嘴应畅通，油温、油（风）压应保持正常。

8. 盐浴炉测温仪表、仪器应灵敏可靠，电气设备接地应完好、正确，要求仪器、仪表反应灵敏、指示正确，并在检验周期内使用。

9. 箱式电阻炉测温仪表应灵敏可靠，电阻丝应完好，电气设备接地及防护罩应完好无损。

10. 燃油反射炉风管、油管应保持畅通，油温、风压及测温仪表应保持正常。

11. 气体渗碳炉炉盖升降机构应保持正常，风扇转动平稳，冷却水管无堵塞，输油管道应畅通、无渗漏，排气管、漏油器必须畅通。

12. 气体氮化炉氨气管道、炉盖应无泄漏，氨气瓶严禁靠近热源、电源或在强日光下曝晒，氨气瓶严禁靠近热源、电源或在强日光下曝晒，保持通风良好，而且布置在人员活动地点的下风侧。

13. 抽风装置应良好，液体氰化炉应有单独抽风。

14. 硝盐炉应用电加热，严禁用煤或油类加热。硝盐炉如果坩埚破损则严禁使用。

（二）行为检查

1. 无本设备操作证者，不得进行操作。

操作人员应注意防火、防爆、防毒、防烫、防触电，并要了解有关救护灭火知识。工作场地应配备必要的消防器材。

2．化学物品应有专人管理，并严格按有关规定存放。

工作中配制各种化学药剂、试剂时，应严格执行《化学试验一般安全技术操作规则》。禁止无关人员进入氰化室、化学药品储藏室、中频发电机室、硅整流机室和高频淬火室。各室内应保持清洁，不准堆放无关物品。

3．工作前认真阅读交接班记录，解决上一班的遗留问题。

清除妨碍设备正常运转的障碍物。按润滑相关规定，对设备进行润滑。检查电器设备、仪表及工夹量具应完好，检查热处理炉关键部位的紧固件，如有松动必须紧固好。工作前应先开抽风机，工作完毕后应做好场地及设备的清扫工作。

4．热处理炉设备开动后，操作人员不得擅离工作岗位，应集中思想，按工艺程序认真进行操作。

在正常情况下，不许带负荷启动设备，也不许超负荷使用设备。经常注意设备的运转情况，如有润滑不良或紧固件松动，或零件损坏，或管路漏流，或电器失灵，或轴承温度大于65℃等现象，应立即停机处理，必要时通知维修人员修理。如发生设备事故，应立即停止设备运转，保持现场情况，报告有关部门检查、分析、处理。

5．使用行车（或单轨吊车）时，应有专人指挥，并执行有关行车使用的安全操作规程。

井式炉及盐浴炉的吊车电机应防爆，钢丝绳应经常检查定期更换。

6．工件进入油槽要迅速。淬火油槽周围禁止堆放易燃易爆物品。

7．采用煤炉、煤气炉、天然气炉、油炉加热进行热处理，应遵守有关炉型司炉工安全操作规程。入炉工件、工具应干燥。

8．大型热处理炉及连续热处理炉采用炉子机械输送工件和燃料，使用前必须检查炉子机械关键传动部件有无烧损、腐蚀，机械运行轨道上有无障碍物，工件堆放高度和宽度是否超过规定，堆放平稳与否。工件出炉卸车时应注意防止烫伤及砸伤事故。

9．入盐熔炉工件、工具应干燥。硝盐炉工作中严禁硝盐带入中高温盐槽内，并严禁将棉丝物、木炭、石墨及氰盐带入硝盐炉内。硝盐着火时，不得使用水、泡沫灭火器或湿沙灭火。

10．大型井式电阻炉吊、装工件时，炉子台上、下不许站人。

11．工作完毕，应关闭电路，或关闭阀门，并切断电源或水源和气源。认真填写交接班记录，做好交接班工作。

（三）作业环境

1．各种废液、废料应分类存放，统一回收和处理，禁止随意倾入下水道和垃圾箱。

2．应尽量采用无氰工艺。

3．当班人员必须穿戴好工作服、工作帽、防护鞋、眼镜或防护面罩。

八、数控机床安全

（一）通用安全检查

1．工作时，应检查是否穿好工作服、安全鞋，应戴上安全帽及防护镜，不允许戴手套操作数控机床，也不允许扎领带。

2．开车前，检查数控机床各部件机构应完好、各按钮应能自动复位。开机前，操作者应按机床使用说明书的规定给相关部位加油，并检查油标、油量。

3．在数控机床周围不应放置障碍物，工作空间应足够大。

4．更换保险丝之前应关掉机床电源，不要用手接触电动机、变压器、控制板等有高压电源的场合。

5．一般不允许两人同时操作机床。但某项工作如需要两个人或多人共同完成时，应注意相互将动作协调一致。

6．上机操作前应熟悉数控机床的操作说明书，数控车床的开机、关机顺序一定要按照机床说明书的规定操作。

7．主轴启动开始切削之前一定要关好防护门，程序正常运行中严禁开启防护门。

8．在每次电源接通后，必须先完成各轴的返回参考点操作，然后再进入其他运行方式，以确保各轴坐标的正确性。

9．机床在正常运行时不允许打开电气柜的门。

10．加工程序必须经过严格检查方可进行操作运行。

11．手动对刀时，应注意选择合适的进给速度；手动换刀时，刀架距工件要有足够的转位距离，以不至于发生碰撞。

12．加工过程中，如出现异常危机情况可按下“急停”按钮，以确保人身和设备的安全。

13. 不允许采用压缩空气清洗机床、电气柜及NC单元。

（二）工作前的安全检查

1. 机床工作开始工作前要有预热，认真检查润滑系统。如机床长时间未开动，可先采用手动方式向各部分供油润滑。

2. 使用的刀具应与机床允许的规格相符，有严重破损的刀具要及时更换。

3. 工具不要遗忘在机床内。

4. 大尺寸轴类零件的中心孔应合适，中心孔如太小则工作中易发生危险。

5. 刀具安装好后应进行一两次试切削。

6. 检查卡盘夹紧工作的状态。

7. 机床开动前，必须关好机床防护门。

8. 了解和掌握数控机床控制和操作面板及其操作要领，将程序准确地输入系统，并模拟检查、试切，做好加工前的各项准备工作。

9. 了解零件图的技术要求，检查毛坯尺寸、形状有无缺陷。选择合理的安装零件方法。

10. 正确地选用数控车削刀具，安装零件和刀具要保证准确牢固。

11. 机床开始加工之前必须采用程序校验方式检查所用程序应与被加工零件相符，待确认无误后，方可关好安全防护罩，开动机床进行零件加工。

（三）工作过程中的安全要点

1. 禁止用手接触刀尖和铁屑，铁屑必须要用铁钩子或毛刷清理。

2. 禁止用手或其他任何方式接触正在旋转的主轴、工件或其他运动部位。

3. 禁止加工过程中量活、变速，更不能用棉丝擦拭工件，也不能清扫机床。

4. 车床运转中，操作者不得离开岗位，机床发现异常现象立即停车。

5. 经常检查轴承温度，过高时应找有关人员进行检查。

6. 在加工过程中，不允许打开机床防护门。

7. 严格遵守岗位责任制，机床由专人使用，他人使用须经本人同意。

8. 工件伸出车床100 mm以外时，须在伸出位置设防护物。

9. 机床开机时应遵循先回零（有特殊要求除外）、手动、点动、自动的原则。机床运行应遵循先低速、中速、再高速的原则，其中低速、中速运行时间不得少于2～3分钟。当确定无异常情况后，方可开始工作。

10. 严禁在卡盘上、顶尖间敲打、矫直和修正工件，必须确认工件和刀具夹紧后方可进行下步工作。

11. 操作者在工作时更换刀具、工件，调整工件或离开机床时，必须停机。

12. 机床上的保险和安全防护装置，操作者不得任意拆卸和移动。

13. 机床在工作中发生故障或不正常现象时应立即停机，保护现场，同时立即报告现场负责人。

14. 操作者严禁修改机床参数。必要时必须通知设备管理员，请设备管理员修改。

（四）工作完成后的安全要点

1. 清除切屑、擦拭机床，使用机床与环境保持清洁状态。

2. 注意检查或更换磨损坏了的机床导轨上的油察板。

3. 检查润滑油、冷却液的状态，及时添加或更换。

4. 依次关掉机床操作面板上的电源和总电源。

5. 机床附件和量具、刀具应妥善保管，保持完整与良好，丢失或损坏照价赔偿。

6. 实训完毕后应清扫机床，保持清洁，将尾座和拖板移至床尾位置，并切断机床电源。

九、冲床安全

（一）设备检查

1. 冲床设备技术状态良好，零件结构严密。

2. 冲床离合器、制动器、曲轴、连杆、滑块、启动按钮等灵活、正确、可靠。

3. 冲床设备机械传动外露部分做到“有轴必有套”“有齿必有罩”。

4. 电气线路符合低压用户电气装置规程要求。

5. 模具要有安全防护措施。

6. 冲床与地面基础连接牢固、可靠，并有防震措施。

7. 设备紧固件无松动，模具、夹料板运行正常，防护装置良好，模具无损坏。

（二）行为检查

1. 做到“手不入模”，要有完善的规章制度，技术上有可靠的防护措施。

2. 严禁违章指挥、强迫工人冒险操作。

3. 工人在无安全装置或装置失效的情况下不得操作冲床。

4. 机床安全防护和紧急刹车装置应处于良好状态。

5. 使用的一切工具应符合要求，调整或换模时必须关闭电源。

6. 两人以上操作时，做到统一指挥；一人开车时，必须通知另外的人。

（三）作业环境

1. 冲击噪声应符合《工业企业噪声卫生标准》规定。

2. 工作场地应保持整齐清洁。

3. 原材料、成品和半成品堆放整齐，道路畅通，做到不妨碍操作者通行和工作。

4. 工作地点局部照明应符合规定。

十、剪板机安全

（一）设备检查

1. 设备牢固地固定在基础上，地脚螺栓上锁紧螺母不得松动。

2. 刀架上下运动平稳。液压传动的剪板机，其上刀架（或滑块）在规定的行程范围内无爬行、停滞、振动和明显的冲击现象。

3. 压斜装置的压料脚无严重磨损，被剪料板受压均匀。

4. 机械和液压传动的剪板机工作过程和动作顺序正常。停车时上刀架停在规定的位置上。

5. 工作台面平整、清洁，无焊疤和油污。托料铜球滚动灵活、送料方便。

6. 刀架与支承面的固定接合面紧密贴合。刀架安装正确，固定螺钉拧紧。

7. 刀片工作间隙调整装置锁紧可靠，调整螺栓无滑丝、乱扣和凸出于工作台面的现象。

8. 刀架平衡装置有自锁的安全结构和防护措施。

9. 刀架平衡装置能保证刀架在行程的任何位置上自行保持平衡。

10. 挡料装置挡料准确、调整灵活、送料方便、使用可靠，并有完整的挡料退让机构。

11. 托料装置的滚动、升降等动作灵活可靠。

12. 在剪切过程中，离合器与制动器相互联锁，即离合器结合时制动应先脱开，离合器脱开后制动器才合上。

13. 气动摩擦离合器及制动器正确、牢固地装于传动轴和飞轮里，并保证顺序动作，相互联锁，灵敏、可靠，压缩空气无泄漏现象。

14. 气动摩擦离合器和制动器的各零件齐全完好、调节灵活、作用良好。

15. 气动摩擦离合器和制动器的摩擦片及圆盘无磨损和发热情况。

16. 刚性离合器与带式制动器应联锁。制动带的实际接触面不小于摩擦面的75%。

17. 紧急制动时，离合器能立即脱开，制动带将转轴刹住，实行制动。

18. 离合器与制动器及其操纵机构的配合动作协调、准确可靠。

19. 液压、润滑系统无堵塞、渗漏现象。气体管路系统中无泄漏现象。

20. 导轨的润滑油有回油或盛接的装置。

21. 液压与气动系统中，装有液压与气压突然消失或供液与供气中断的保护措施及显示装置。

22. 工作时，油箱内油温低于50℃，连续满负荷工作24小时以后应低于60℃。

23. 液压系统的压力表应清晰、灵敏、准确和可靠。无铅封的压力表禁止使用。

24. 齿轮转动平稳，无不规则的冲击声。剪板机空运转的噪声低于90 dB。

25. 飞轮牢固地固定在轴上，转动平稳。

26. 飞轮轴应设有超载离合器或其他超载保护装置，并灵敏、可靠。

27. 露于床身外的传动齿轮、胶带轮、飞轮、联轴器及其他可能危及人身安全的旋转部位均有防护装置。

28. 对剪切料头可能飞出的危险部位必须设有防护挡板。

29. 剪板的刀架和压料装置的危险部位必须设有防护措施。

30. 遮挡式防护装置如挡板、罩、网都能达到防护栅栏的宽度与剪刀宽度或工作台宽度，并能防止进入剪切、压料的危险区；固定式防护栅栏在刀架或其他运动部位运行时不得开启。

31. 电气设备符合设计要求，铭牌清晰，安装牢固。电气连接良好，导线接头有防松措施。有振动影响的电器要有防震措施。

32. 气动控制系统应有紧急停车按钮。

33. 启动“按钮”有高于按钮头的防护挡圈，装在按钮盒内，其外加设铁皮盒，并上锁，以免他人操作。

34. 电动机接线需套以金属保护管；电器箱箱门完整、关闭严密，压紧螺钉（或门锁）齐全、紧固，内部保持清洁、干燥，所有电器零件及接线端子不松动；机床保护接地（零）线良好。

35. 离地面高度2 m以上设置的阶梯、平台及围栏应符合国家标准。

36. 阶梯必须有与主动轴控制联锁的措施，登梯检修时能断开主传动电源。

37. 剪板机应有铭牌和指示润滑、操纵和安全的标牌或标志。

38. 主机配合的各种附属装置，其危及人身安全的部位要装有防护装置。

（二）行为检查

1. 剪板机严禁超负荷运行。

2. 剪板机上使用的螺栓、螺母、销钉等紧固件要有防松措施。

3. 刚性离合器在运行中，应保证转销和键无明显的撞击声。

4. 剪切小料应采取加垫的方法，防止压料不当而发生意外事故。

5. 多人协助工作时，应指定专人负责指挥并操纵脚踏开关。

6. 禁止使用机床加工超长、超厚物件。

7. 严禁剪切淬过火的钢、高速钢、合金工具钢、铸铁及脆性材料。

8. 电动机不得带负荷启动，开车前离合器应脱开。

9. 工作前要用手扳动皮带轮转几转观察刀片运动情况。

10. 经常检查拉杆有无失灵现象，紧固螺栓有无松动。

11. 一张板料剪到末了时，不要将手指垫在板料下送料，不得两人在同一台机床上同时剪两件材料。

12. 后面不准站人、接料。

13. 调整和清扫机床，必须停车进行。

14. 调整刀片后，一定实行手扳车试验及空车试验。

（三）作业环境

1. 工作台上不得放置其他物品。

2. 工作场地周围保持整洁，保证垂直起吊工件或零件无阻碍。

3. 工作台面的水平照度保持60 lx，机床局部照明参照TJ34–79的国标规定。

十一、车削加工安全

（一）普通车床安全要点

1. 设备检查

（1）机床上应设局部照明，机床上的照明灯应采用安全电压供电，照明变压器应有接地（零）保护。

（2）摩擦离合器应能控制主轴的转动，并起过载保护作用。

（3）脱落蜗杆机构应起走刀过载保护作用。

（4）在设置行程挡块时，脱落蜗杆机构应能在行程挡块的作用下起行程控制作用。

（5）溜板箱内若设置非脱落蜗杆式过载行程控制机构，如齿形离合器安全机构、摩擦离合器安全机构等，亦应起过载保护及行程控制作用。

（6）溜板箱内设置的互锁机构应能防止丝杆、光杆同时传动。

（7）所有操作手轮、手柄必须完整，灵活好用。

（8）所有变速、换向机构应有明显的挡位标志牌及定位装置，并定位可靠。

（9）机床必须设置保护接地（零）线。

（10）三角胶带防护罩、挂轮箱罩、主轴尾端防护罩应齐全完好，固定可靠。

（11）应备有带护手环的切屑钩。

（12）应备有卡盘防护装置和切屑及冷却液防护挡板。

（13）当飞出的切屑可能危及周围操作者或行人安全时，应设置防护网或防护挡板。

（14）应设置木质脚踏板。

（15）车削韧性金属时，应磨制断屑刀具或安设断屑装置。

（16）车床所有附件，包括三爪卡盘、四爪卡盘、拨盘、花盘、中心架、跟刀架、顶尖等，均应齐全完好，灵活好用。使用时定位锁紧牢靠。

（17）制动装置应在离合器脱开时起制动作用。

2. 行为检查

（1）机床开动前要观察周围动态，机床开动后要站在安全位置上，以避开机床运动部位和铁屑飞溅。

（2）不准在机床运转时离开工作岗位，因故离开时必须停车并切断电源。

（3）机床开动后，不准接触运动着的工件、刀具和传动部分。禁止隔着机床转动部位传递或拿取工具等物品。

（4）调整机床速度行程、装夹工件和刀具以及擦拭机床时都要停车进行。

（5）机床导轨面上、工作台上禁止放工具或其他东西。

（6）装卸卡盘及大的工、夹具时，床面要垫木板，不准开车装卸卡盘，装卸工件后应立即取下扳手。禁止用手刹车。

（7）装卸工件要牢固，夹紧时可用接长套筒，禁止用榔头敲打。

（8）加工细长工件要用顶针、跟刀架，车头前面伸出部分不得超过工件直径的20～25倍，车头后面伸出超过300 mm时必须加托架，必要时装设防护栏杆。

（9）用锉刀光工件时，应右手在前，左手在后，身体离开卡盘。禁止用砂布裹在工件上砂光，应模仿用锉刀的方法，成直条状压在工件上。

（10）车内孔时不准用锉刀倒角。用砂布光内孔时，不准将手指或手臂伸进去打磨。

（11）加工偏心工件时，必须加平衡铁，并要坚固牢靠，刹车不要过猛。

（12）攻丝或套丝必须用专用工具，不准一手扶攻丝架一手开车。

（13）切大料时，应留有足够余量，以便卸下砸断，以免切断时大料掉下伤人；小料切断时，不准用手接。

（二）立式车床安全要点

1. 设备检查

（1）操纵手柄应操纵灵活，扳动操纵手柄至“启动”位置时应能使压紧摩擦片的摇臂达到自锁位置，以保证定位可靠。

（2）工作台应有防止四爪座退出的定位板。

（3）加工偏心工件时，必须加配重铁，以保持工作台平衡，配重铁必须装夹牢靠，以防甩出伤人。

（4）快速行程机构中的摩擦离合器必须完好，当负荷过大时能起保护作用。

（5）进给箱内保险连接器中的保险销必须符合设计要求，以防因超负荷而引起事故。

（6）应设有防止横梁、刀架移动时超越行程的限位装置。

（7）操作平台应有栏杆和底护板。

（8）所有操纵手轮应有定位装置及明显的挡位标牌。压紧手轮的螺栓、螺母应齐全、完好，并固紧。

（9）三角胶带和主电动机与变速箱的联轴器应设防护罩。

（10）工作台应设围栏，以防止工作台旋转时造成伤害。

（11）工作台周围应设置切屑挡板。

（12）应设置木质脚踏板。

2. 行为检查

（1）工具、量具不准放在横梁刀架上。

（2）不准用手直接清除铁屑，应使用专门工具清扫。

（3）装卸工件、工具时要和行车司机、挂钩工密切配合。

（4）工件、刀具要紧固好。所用的千斤顶、斜面垫板、垫块等应固定好，并经常检查，以防松动。

（5）工件在没夹紧前，只能点动校正工件，要注意人体与旋转体保持一定的距离。严禁站在旋转工作台上调整机床和操作按钮。非操作人员不准靠近机床。

（6）使用的扳手必须与螺帽或螺栓相符，夹紧时用力要适当，以防滑倒。

（7）如工件外形超出卡盘，必须采取适当措施，以避免碰撞立柱、横梁或把人撞伤。

（8）对刀时必须缓速进行。自动对刀时，刀头距工件40～60 mm即停止机动，改用手摇进给。

（9）在切屑过程中，刀具未退离工件前不准停车。

（10）加工偏重件时，要加配重铁，以保持卡盘平衡。

（11）登“看台”操作时要注意安全，不准将身体伸向旋转体。

（12）切削过程中禁止测量工件和变换工作台转速及方向。

（13）不准隔着回转的工件取东西或清理铁屑。

（14）发现工件松动、机床运转异常、进刀过猛时，应立即停车调整。

（15）大型立车两人以上操作时，必须明确主操作人员负责统一指挥、互相配合。

（16）不准在机床运转时离开工作岗位，因故要离开时必须停车并切断电源。

（三）铲齿车床安全要点

1. 设备检查

（1）应有零压保护装置，当操纵手柄处于启动位置时，若电源电压降低过多或突然断电，机床即自动停止工作；当供电恢复正常时，机床也不能自行启动。

（2）主轴后面的地刀轮轮缘应有光滑的圆槽以增大旋转力，轮上严禁装手柄，以防对刀轮旋转时引起事故。

（3）床鞍的纵向锁紧装置应完好，如压紧块及方头螺钉磨损应予更换。

（4）单向离合器必须完好，在工作行程时单向离合器应啮合，在快速反行程时单向离合器应脱开。

（5）应有防止床鞍工作进给时超越安全行程的限位装置，而且动作灵敏可靠。

（6）所有操纵手轮、手柄应完整好用，并有明显的挡位标志及定位装置。

（7）床鞍两边的床身导轨护板必须安装牢靠，当床鞍做纵向移动时不得与机床上的其他零件摩擦。

（8）差动挂轮防护罩应采用封闭式结构，以防止切屑和灰尘掉入。

（9）磨轮平型带、差动挂轮防护罩及螺距、槽数挂轮防护罩等应用螺钉可靠固定，不得与设备运转部分发生摩擦。

（10）磨轮及平型带传动系统一般不配备防护罩，宜采用防护挡板等有效的防护措施。

（11）应安装吸尘装置。

（12）严禁使用受潮、受冻和有裂纹的砂轮。

（13）安装砂轮及卡盘的主轴，其螺纹旋向必须与砂轮工作旋向相反，以免砂轮主轴与螺母松脱而造成事故。

（14）夹紧砂轮主轴用的螺栓、螺母及主螺钉等必须齐全完好，其螺纹不得滑丝、乱扣。

（15）应设置木质脚踏板。

（16）搭配各种挂换齿轮时必须停车。

2. 行为检查

（1）铲齿时要根据加工量选定合适的转数，避免因撞击过大而打刀伤人。

（2）更换砂轮应符合安全要求，工作中随时检查砂轮装夹情况。

（3）机床运转时，不准用手去摸旋转的部位，亦不得开车打扫机床和测量工件。工具和量具不得放在床面上。

（4）铲削和磨削时所用的芯棒要装上插销和键，工件装好后必须将芯棒的螺帽拧紧。顶尖和凸轮要保持良好的润滑。

（5）松顶尖时必须等车停稳，变速、调换刀具、加油时必须停机。

（6）经常检查吸尘装置是否好用，防止粉尘扩散。工作结束后，要把各手柄放到空挡。

3. 个人防护

干磨与修整砂轮时，应戴防护眼镜和口罩。

十二、钻床安全

（一）设备检查

1．主传动系统中应具有转矩保险离合器，当主轴负荷超过允许最大转矩的25%时离合器应打滑。

2．所有操纵手柄、手轮必须齐全、完好，调整灵活，动作正确。

3．变速、操纵机构挡位应准确可靠，并有明显的挡位标志或定位装置。

4．当进给抗力大于机床设计最大进给抗力的1.35倍时，主轴进给保险离合器必须打滑。

5．摇臂升降必须有限位装置，上升或下降至极限位置时限位装置应起作用。

6．摇臂及立柱夹紧机构外露的传动齿轮等危险部位应安设防护罩，并用螺钉固紧。

7．机床局部照明应采用安全电压。

8．钻床的总传动电源应设置符合规定的短路保护，各电动机应有单独的符合规定的短路保护和过载保护。

9．装有“十”字开关的机床，应能保证摇臂升降与主轴运转的联锁。如果电路没有零压保护环节，应有能避免“十”字开关手柄扳至任何位置时接通电源而产生“误动作”的装置。

10．机床必须保护接地（零）。

11．主传动三角胶带防护罩应齐全完好。

12．应设置木质脚踏板。

（二）行为检查

1．工件夹装必须牢固可靠，钻小件时应用工具夹持，不准用手拿着钻孔，不准在工作时戴手套。

2．使用自动走刀时，要选好进给速度，调整好行程限位块。手动进刀时，一般按照逐渐增压和逐渐减压原则进行，以免用力过猛造成事故。

3．钻头上绕有铁屑时，要停车清除。禁止用风吹、手拉，要用刷子或铁钩清除。

4．精绞深孔时，拨取圆器和稍棒不可用力过猛，以免手撞在刀具上。

5．不准在转动的刀具下翻转、卡压或测量工件。手不准触摸旋转的刀具。

6. 使用摇臂钻时，横臂回转范围内不准有障碍物。工作前，横臂必须卡紧。

7. 横臂和工作台上不准有浮放物件。

8. 工作结束后，将横臂降到最低位置，主轴箱靠近立柱，并且都要卡紧。

十三、刨削加工安全要点

（一）牛头刨床安全检查

1. 设备检查

（1）变速手柄应操作灵活、挡位分明、定位可靠。

（2）滑枕手动方头轴处应设有安全保险装置，能将方头轴上使用过的手柄自动推出。

（3）调整滑枕行程不得超出机床允许范围。

（4）刀架必须牢固地安装在滑枕前部，不得有摇晃现象。紧固螺栓、螺母必须齐全完好。

（5）工作台必须牢固地固定于横梁滑板上，前部固定于支架上，横梁应紧密地压紧在床身导轨上，不得有松动现象。

（6）工作台应平整，台面上不得放置工、量具及其他杂物。

（7）机床上的照明灯应采用安全电压供电，照明变压器应有接地（零）保护。

（8）三角胶带应有防护罩，并牢固固定。

（9）滑枕护板必须牢固地安装在床身上。

（10）机床工作台前部应设置防护网或防护挡板并搁置稳当，以防飞出的切屑伤人。

（11）应设置木质脚踏板。

2. 行为检查

（1）工件装夹要牢固，增加虎钳夹固力应用接长套筒，不得用铁榔头敲打扳手。

（2）刀具不得伸出过长，刨刀要装牢，工作台上不得放置工具。

（3）调整牛头冲程要使刀具不接触工作面，溜板前后不许站人。

（4）机床调整好后，随时将摇手柄取下。

（5）刨削过程中，头、手不要伸到车头前检查，不得用棉纱擦拭工件和机床转动部位。车头不停稳，不得测量工件。

（6）清扫铁屑只允许用毛刷，禁止用嘴吹。

（7）装卸较大工件和夹具时应请人帮助，防止滑落伤人。

（8）必须将刀架退离工件后，方准启动工作台。

（二）龙门刨削安全检查

1. 设备检查

（1）工作台运行速度应能自动调整，即在刀具切入和切出工件时能自动减速，以避免撞崩刀具和工件边缘而伤人。

（2）如工件、夹具外形超出工作台，其超出部分应小于工作台边沿到立柱或横梁的水平距离，以免动作时发生碰撞，此外尚应采取适当的防护措施，以防人体触碰而引起伤害。

（3）横梁夹紧装置动作应灵活可靠，横梁在升降前夹紧装置自动松开，升降完成后则自动夹紧。

（4）机床上所有固定结合面必须紧密贴合、定位准确、固定牢靠、不得松动。

（5）必须设有工作台、横梁和刀架的限位装置，其动作应灵敏、可靠。

（6）保险装置必须有足够的强度，定位可靠，当撞过一次后必须重新检查，调整该装置的准确性，并固紧。

（7）所有操纵手柄，手轮应有明显的挡位标示牌及定位装置。压紧手轮用的螺栓、螺母应齐全、完好，并固紧。

（8）灯光信号装置的功能应良好。

（9）液压电机组应设防护罩。

（10）工作台前刨削防护板必须安装牢固。

（11）工作台前、后应有防护栏杆，其高度不得低于800 mm。

2. 行为检查

（1）工件装夹要牢固，压板、垫铁要平稳，并注意龙门宽度。工件装夹好后，开一次慢车，检查工件和夹具应能安全通过。

（2）正式开车前，须将行程挡铁位置调节适当和紧固，并取下台面上杂物。

（3）开车后严禁将头、手伸入龙门及刨刀前面，不准站在台面上，更不准跨越台面，严禁有人在两头护栏内通过。多人操作时需要由一人指挥，动作要协调。

（4）工件装卸及翻身要选择安全地方，注意锐边毛刺割手，应和行车工、挂钩工密切配合。

（5）开车后若要重新调节行程挡铁、测量工件、清扫铁屑，都必须停车。

（6）清除铁屑只许用刷子，禁止用压缩机空气吹。

3. 作业环境

机床周围地坑应用盖板盖好，盖板应坚固、定位可靠、能防滑。

（三）插床安全检查

1. 设备检查

（1）操纵手柄应操纵灵活、挡位分明、动作准确，当扳到空挡位置时能迅速停止滑枕运动。操纵手柄失灵时，应及时修复。

（2）调整滑枕行程时应使刀具不接触工件，并用手转动飞轮，检查滑枕插头移动位置应正确，滑枕的往复应平稳、可靠、无阻滞。

（3）刀架部分所有零件应齐全完好，螺钉、螺母不得滑丝、乱扣，垫板应平直，如有缺、裂和变形不得继续使用。

（4）工作台应能进行圆周分度，分度后必须将锁紧螺母旋紧。

（5）工作台应平整，台面上不得放置工、量具及其他杂物。

（6）进给机构上的摇杆装置、拉杆以及棘轮机构应齐全完好。进给量调整后，必须将T形螺栓、螺母拧紧，螺纹不得有滑丝、乱扣现象。

（7）当工作台遇有故障时，进给拉杆下端套用的保险弹簧应能自行停止进给。

（8）所有操作手柄、手轮必须完整、灵活好用、定位可靠。变速、换向机构应有明显的挡位标志牌及定位装置。

（9）三角胶带和棘轮防护罩应齐全完好。

2. 行为检查

（1）使用的扳手与螺帽必须相符，用力要适当，以防止滑倒。

（2）装夹工件要选好基准面，压板、垫铁要平稳可靠，压紧力要适当，以保证工件在切削中不松动。

（3）直线运动（纵、横向）和圆周运动的工作台，不允许三向同时动作。

（4）禁止在运动中变换滑枕速度、滑枕行程和插程位置，滑枕调好后必须锁紧。

（5）工作中操作者的头部不许伸入滑枕冲程中观察加工情况。

（6）工作台和机床导轨上不允许堆放杂物。

（7）清除铁屑应用毛刷，禁止用嘴吹。

（8）测量工件、清理铁屑时必须停车进行。

（9）工作完毕后垂直滑轨要用木头支住，防止自动滑下（适用于液压传动），各手柄放至“空位”。

十四、铣削加工安全

（一）铣床安全检查

1. 设备检查

（1）机床应设局部照明。机床上的照明灯应采用36 V安全电压供电。照明变压器应有接地（零）保护。

（2）飞轮应在主轴上定位准确，安装牢靠，以免主轴转动不稳而使铣切时产生振动和冲击。

（3）转盘和手柄应操纵灵活，挡位分明，不得因机床振动而脱位。

（4）进给变速箱内设置的滚珠式安全离合器应起走刀过载保护作用，即当进给力过大时停止自动进给。

（5）进给箱内设置的摩擦离合器应能起过载保护作用，即当快速传动过载时摩擦片打滑，快速移动停止。

（6）工作台纵向、横向及垂直方向的进给运动应互锁，应保证三个方向进给运动的传动离合器不可能同时接通。

（7）工作台快速移动与一般自动进给运动应互锁，两者不得同时接通。

（8）电气一机械互锁性能不好，导致手柄不能互锁或操纵失灵时，严禁使用机床。

（9）进给箱内设置的安全互锁机构在操纵工作台进行自动进给或快速移动时，应起安全互锁作用。

（10）工作台纵向移动手轮处，应设置安全保护结构或采用手轮能方便取下的结构。

（11）工作台各层上设置的锁紧装置应完好。

（12）工作台纵向移动、床鞍横向移动和升降台垂直移动三个方向均应设限位装置。

（13）机床上防护罩和自制挂轮防护罩应齐全、完好。

（14）应备有切屑及冷却液防护装置。

（15）应备有适用的挂轮防护罩，以便铣削螺旋面时防止因挂轮外露而引起伤害。

（16）应设置木质脚踏板。

（17）应备有清理切屑的工具。

2. 行为检查

（1）装夹工件、工具必须牢固可靠，不得有松动，所用扳手必须符合标准规格。

（2）在机床上进行装卸工件和刀具，紧固、调整、变速及测量工件等工作，必须停车。

（3）高速切削时必须装设挡板。

（4）工作台上不得放置工、量具及其他物件。

（5）切削中，头、手不得接近铣削面。装卸工件时必须移开刀具后进行。

（6）严禁用手摸或用棉纱擦拭正在转动的刀具和机床的传动部位。清除铁屑时，只允许用毛刷，禁止用嘴吹。

（7）拆装立铣刀时，台面需垫木板，禁止用手托刀盘。

（8）装平铣刀、使用扳手扳螺母时，要注意扳手开口选用适当，用力不宜过猛。

（9）对刀时必须慢速进刀，刀接近工件时需用手摇进刀，不准快速进刀。正在走刀时不准停车，铣深槽时要停车退刀。快速进刀时，防止手柄伤人。

（10）吃刀不能过猛，自动走刀必须脱开工作台上的手轮，不准突然改变进刀速度。有限位撞块应预先调整好。

（11）当“工作台横向及各升降自动进给”手柄或“工作台纵向自动进给”手柄之一处于“停止”挡位时，才能拨动另一手柄至自动进给位置，接通自动进给运动。

3. 个人防护

高速切削时，操作者要戴防护眼镜。

（二）龙门铣床安全检查

1. 设备检查

（1）局部照明应采用安全电压。若采用220 V的局部照明，应避免人体触及照明装置，而且灯具的金属外壳应保护接地（零）。

（2）工作台两端应设置防护挡板，以防止尘屑划伤床身导轨面。

（3）各工作机构内设置的滚珠式保险离合器应起过载保险装置的作用，即当工作机构过载时停止工作机构的传动，防止机件损坏。

（4）平衡装置必须安全可靠，使水平主轴箱在立柱导轨上的任何位置均能处于平衡状态。

（5）横梁夹紧装置应与电气控制配合，使横梁移动时夹紧装置自动松开，横梁不动时夹紧装置自动夹紧。

（6）主轴套筒夹紧装置应能夹紧主轴套筒，移动主轴套筒时必须先松开夹紧机构，铣切时应夹紧主轴套筒。

（7）外露的传动装置均应设防护罩。

（8）应有清理铁屑的专用工具。

（9）操纵平台应有防护栏杆和底护板，栏杆高800 mm，底护板边高不低于40 mm。

（10）操纵平台应防滑，扶梯应完好。

（11）机床限位开关应齐全，并在适当的位置上固定牢靠。

（12）机床的信号显示装置应完好。

（13）应有专用的梯子和脚踏板，而且均应坚固，搁置稳当，表面防滑。

2. 行为检查

（1）工作物件要用压板、螺丝或专用工具夹紧，使用一般的扳手不准加套管，以免滑脱伤人。

（2）刀具一定要夹牢，否则不准开车工作。

（3）工作前，要检查机床传动部分的运转情况，并将机床的挡板装好，才能运转。

（4）开动主轴时，应先点动数下，确认正常后，才能开动主轴箱进给。

（5）水平主轴箱向上快速移动或向上进给速度超过每分钟375 mm时，两个水平主轴箱不应同时开动。

（6）停车时，应先停止进刀，铣刀退出工件后再停止主轴旋转。

（7）机床停车后，横梁应移至最低位置，并将两垂直主轴箱对称分布两侧。工作台应停在床身中间。

（8）铣切各种工件，特别是粗铣时，开始应缓慢切削。

（9）移动工作台或刀架时，应先松开固定螺丝。

（10）装卸刀具时，应使用铜锤或木槌轻打，以防止刀具碎片飞出伤人。

（11）在切削中，不准变速和调整刀具，禁止用手摸或测量工件，人体、头、手不准接近刀具。

3. 作业环境

机床地沟内应干燥，不得有铁屑、杂物或积水、积油。地沟盖板应完整、防滑。

十五、磨削加工安全

（一）无心磨床安全检查

1. 设备检查

（1）砂轮架应齐全、完好、固定可靠、调整方便，工作时应运行平稳、无异常噪声。

（2）砂轮主轴的螺纹旋向必须与砂轮工作时的旋转方向相反。

（3）主轴轴向止推装置必须安装牢固，能有效地控制主轴的轴向窜动。

（4）进给机构的零件应齐全、完好、定位准确、固定可靠。

（5）杠杆系统应操作灵活、零件齐全、装配牢固，不得有松动现象。

（6）滚轮应安装正确、滚动灵活，不许在运转时夹紧工件。

（7）冷却系统应能正常工作，在磨削工件和修整砂轮时能很好地进行冷却。挡板应齐全、完好，以防冷却液飞溅。

（8）皮带传动装置和交换齿轮均应设置防护罩。砂轮防护罩应符合安全要求。

（9）应设置木质脚踏板。

2. 行为检查

（1）用手送磨削工件时，手离砂轮应在50 mm以上，不要握得太紧。

（2）用推料棒送料时，要用铅料棒，禁止用金属棒。

（3）调整磨削量时，试磨工件不能少于3个。

（4）修正砂轮时，要慢慢进刀，并给予充分的冷却液，以防损坏金刚钻。

（5）工件在砂轮中间歪斜时，要紧急停车。

（6）磨棒料时，要求托料架与砂轮、导轮间的中心成一直线。严禁磨弯料。

（7）工件没从砂轮磨出时，不准取出。手接工件，要迅速把工件握住，停止其转动。

（8）料架上的工件要放好，以防滚掉下来伤人。

（9）安装螺旋轮时，要戴手套，拿螺旋轮的端面内孔，不准拿螺旋轮的外面。

（10）无心磨刀板的刃部要磨钝，以防割破手。

（11）不得将超过规格的大料加入。发现大料时要立即取出，以防止发生事故。

（二）平面磨床安全检查

1. 设备检查

（1）电磁吸盘的联锁装置必须灵敏、可靠，在开动各电动机之前必须先把电磁吸盘的开关扳至“吸”的位置上。

（2）操纵手柄、手轮应零件齐全、装配牢固、灵活好用。变速、换向机构应有明显的挡位标志牌及定位装置。

（3）冷却系统应工作正常，不得有渗漏现象。工作台上应安设防护挡板，以防冷却液飞溅。

（4）应有完好的纵向、横向行程限位装置。限位挡块所有螺钉、螺孔不得有滑丝、乱扣现象。

（5）工作台四周的挡板必须安装牢固，不得任意拆卸，以防砂轮破碎或冷却液飞溅造成伤害。

（6）砂轮防护罩应将砂轮卡盘和砂轮主轴端部罩住。砂轮在工作中一旦被破坏时，能有效地防止砂轮碎片飞出，以保护操作者的安全。

（7）应设置木质脚踏板。

2. 行为检查

（1）装卸工件时，要把砂轮升到一定位置方能进行。

（2）磨削前，把工件放到磁盘上，使其垫放平稳。通电后，检查工件被吸牢后才能进行磨削。

（3）一次磨多件时，加工件要靠紧垫好，并置于磨削范围之内，以防加工件倾斜飞出或挤碎砂轮。

（4）进刀时，不准将砂轮直接猛地一下接触工件，要留有空隙，缓慢进给。

（5）自动往复的平面磨床，根据工件的磨削长度调整好限位挡铁，并把挡铁螺丝拧紧。

（6）清理磨下的碎屑时，要用专用工具。

（7）立轴平磨磨削前应将防护挡板挡好。

（8）磨削过程中禁止用手摸试工件的加工面。

（三）螺纹磨床安全检查

1. 设备检查

（1）设备应安装在专用的房间内，室内应有恒温装置，将室温保持在（20±1）℃。

（2）所有操作手柄必须定位准确、使用方便可靠，各零件齐全、完整。

（3）应装有开启灵活、安放可靠的防护挡板，以防冷却油飞溅及油雾污染。

（4）螺距调整装置应零件齐全、完好，并保证齿轮在运转过程中不松动。

（5）砂轮主轴螺纹的旋向必须与砂轮工作时的旋转方向相反。

（6）床头箱防护罩、螺距调整齿轮防护罩、床尾及其他部位的防护罩应符合安全要求。

（7）必须有行程限位装置，其挡块的所有螺孔及螺钉不得有滑丝、乱扣现象。

（8）砂轮防护罩应符合安全要求。

（9）机床周围表面如无木质地板，则应设置木质脚踏板。

2. 行为检查

（1）开车前将挡板挡好，调整好行程限位器，确实无误方可操作。

（2）工件必须夹牢，顶针顶好、紧固方可开车。

（3）加油、变换齿轮，必须停车。

（4）电气系统要保持完好、干燥，防止冷却液溅到电器上发生触电事故。

（5）必须对机床上的安全装置及防护罩加以爱护，不得拆卸。

（6）机床运转中，不得测量工件或将手伸入机床各部位，以免发生意外。

（7）工作时，必须开动吸尘器，以免对人体和机床造成损害。

（8）应缓慢进刀，防止砂轮破裂。

3. 作业环境

（1）房间周围不得有震源和热源，机床周围还应有防震层。

（2）室内应保持清洁，地面不得有油污和积水。

（四）曲线磨床安全检查

1. 设备检查

（1）设备应装在专门的暗室里，室内应有恒温装置，并保持（20±1）℃。

（2）所有操纵手柄、手轮必须灵活、好用。各零件应齐全完整、装配牢固。

（3）砂轮主轴螺纹的旋向必须与砂轮工作时的旋转方向相反。

（4）皮带防护罩应齐全完好。

（5）砂轮防护罩应符合安全要求。

（6）机床周围若无木质地板，则应设置木质脚踏板。

2. 行为检查

（1）工作前应开空车检查机床运转是否正常。

（2）调换新砂轮后，首先应用木槌轻敲检查有无破裂。装夹砂轮时应加软垫压紧，装好后需开空车试转，检查砂轮有无破裂。

（3）安装工件应牢固，安装时应将床面移至安全位置，并将光学镜头部分遮好。

（4）开始工作时进刀量不宜过大，以防止砂轮破碎伤人。

（5）加工完毕，应立即将光学镜头遮好。镜头玻璃面上有灰尘或油污，需用软绒布揩拭，在揩拭前应用高级汽油清洁。

（6）应先启动吸尘器，运行正常后再启动机床。工作完毕后，应先切断机床电源，再切断吸尘器电源。

3. 作业环境

暗室内应保持清洁，空气新鲜，地面不得有油污和积水。

4. 个人防护

操作者应戴防护眼镜和口罩。

十六、镗削加工安全

（一）卧式镗床安全检查

1. 设备检查

（1）变速手柄及变换进刀手柄应操纵灵活、挡位分明、定位可靠。

（2）主轴制动系统必须灵敏可靠。

（3）主轴箱、主轴以及平旋盘径向刀架的夹紧装置的螺钉及手柄应齐全、完好，螺纹不得有滑丝、乱扣现象。

（4）进给箱内应设有防止超负荷的送刀总保险装置，当送刀力超过30 kN时保险装置应切断送刀。

（5）不得同时进行两种以上的进给运动。

（6）机床主轴的送刀、进刀与工作台之间应有联锁装置。

（7）镗床必须设有主轴箱。主轴、下滑座和上滑座的限位装置动作应灵敏可靠。

（8）所有操纵手柄、手轮应有明显的挡位标牌以及定位装置，其螺帽、螺栓应齐全、完好并固紧。

（9）三角胶带传动装置防护罩及主轴后盖板必须完好可靠。

（10）镗床紧靠工作台处应设有防护板，以防止切屑落入床身内。

（11）镗床应设置防护网或防护挡板，并搁置稳妥，以防止飞出的切屑伤人。

（12）应设置木质脚踏板。

（13）操作平台应有防滑站板和防护栏杆及底护板。

（14）主轴箱与平衡锤连接的钢丝绳必须完好，无明显磨损及锈蚀。

（15）导轨防护罩应安装正确、牢靠，保证滑座移动无阻。罩上不准站人和放置杂物。

2. 行为检查

（1）每次开车及开动各移动部位时，要注意刀具及各手柄应在所需的位置上。扳快速移动手柄时，要先轻轻开动一下，看移动部位和方向是否相符。严禁突然开动快速移动手柄。

（2）机床开动前，检查镗刀应把牢、工件应夹牢固、压板必须平稳、支撑压板的垫铁不宜过高或块数过多。

（3）安装刀具时，紧固螺丝不准凸出镗刀回转半径。

（4）机床开动时，不准量尺寸、对样板或用手摸加工面。镗孔、扩孔时不准将头贴近加工孔观察吃力情况，更不准隔着转动的镗杆取东西。

（5）使用平旋刀盘式自制刀盘进行切削时，螺丝要上紧，不准站在对面或伸头察看，以防刀盘螺丝和斜铁甩出伤人，要特别注意防止绞住衣服造成事故。

（6）启动工作台自动回转时，必须将镗杆缩回，工作台上禁止站人。

（7）两人以上操作一台镗床时，应密切联系、互相配合，并由主操作人统一指挥部署。

（8）工作结束时，关闭各开关，把机床各手柄扳回空位。

3. 作业环境

镗床周围的地坑应用盖板盖好。

（二）坐标镗床安全检查

1. 设备检查

（1）设备应安装在专用的房间内，室内一般应有恒温装置，室温为（20±1）℃。

（2）主轴升降操纵手柄应操纵灵活、挡位分明、定位可靠。

（3）主轴箱上、下移动手轮及主轴箱锁紧装置的螺钉、手柄等应齐全完好、动作灵活、作用可靠。螺钉不得有滑丝乱扣。

（4）工作台台面及导轨面禁放工具、量具或其他杂物。

（5）必须设有主轴电阻的滑动接点和工作台的限位装置。

（6）所有操纵手柄、手轮应有明显的挡位标牌以及定位装置。其螺栓、螺母应齐全、完好并固紧。

（7）机床上的照明灯应采用安全电压供电。照明变压器应有接地（零）保护。

（8）平型带防护罩应齐全、可靠。

（9）平衡主轴箱的平衡弹簧必须完好，有足够的弹性，能保持主轴箱的平衡。

（10）床身导轨面上的防护挡板必须齐全、安装牢靠，不得与其他零件发生摩擦。

（11）机床应有铁屑及冷却液的防护罩。

2. 行为检查

（1）装卸较重工件时，必须选用安全的吊具和方法，并轻起轻放。装卡螺栓以卡牢为宜，扳手不得加套管。

（2）需加工的工件必须有加工好的基准面，铸造的非加工面要喷漆或喷砂，待加工的表面必须先在其他机床进行过粗加工，待加工面不得有锈。

（3）设备所在室内温度应保持在允许范围内，同时避免阳光和其他热源直接照射。

（4）停车8小时以上再开动设备时，先低速运转3～5分钟，确认润滑系统及各部位运转正常后再开始工作。

（5）横梁、镗杆、套筒等移动前必须松开夹紧手柄，再次擦净、注油、移动后仍需切实夹紧手柄。

（6）卡紧镗杆套筒时，必须将镗杆套筒伸出导轨以下或机头以下40 mm，否则压紧圈会压在滚珠轴承的盖上。

（7）禁止将金属物品放在机床导轨面或油漆表面上。

（8）设备上使用的工、卡、量具必须是标准的、符合机床要求的，垫块必须磨光。

（9）不允许用压缩空气或带纤维的擦拭材料擦机床，清扫地板时只许用吸尘器或拖布。

（10）要细心地使用光学装置，保持它的清洁，用完后立即罩上。严格禁止任意拆卸和调整光学装置及刻度尺，应定期用脱脂棉、无水酒精、麂皮擦洗。

（11）当工作台正在运动时，不得在快速运动时扳动离合器操纵手柄。

（12）禁止站或踏在工作物上。在工作台上校正工件和加工时，头部不可靠近或进入刀身回转范围内。

（13）下班前需将各手柄置于空位上，并切断电源。

3. 作业环境

坐标镗床附近不得使用风动工具及有大震动的机械工具和有灰尘飞扬的现象。

十七、砂轮机安全

（一）设备检查

1. 砂轮机的防护罩应符合国家标准。

（1）砂轮机的防护罩要有足够的强度（一般钢板厚度为1.5～3.0 mm）和有效的遮盖面。悬挂式或切割砂轮机最大开口角度≤180°，台式和落地式砂轮机最大开口角度≤125°，在砂轮主轴中心线水平面以上开口角度≤65°。

（2）防护罩安装要牢固，以防止因砂轮高速旋转松动、脱落而伤人。

（3）防护罩与砂轮之间的间隙要匹配。新砂轮与罩壳板正面间隙应为20～30 mm，罩壳板的侧面与砂轮间隙为10～15 mm。

2. 挡屑板应有足够的强度且可调。

（1）砂轮防护罩开口上端应设可调整的挡屑板，挡屑板应牢固地安装在防罩壳上，调节螺栓齐全紧固。

（2）挡屑板应有一定强度，能有效地挡住砂轮碎片或飞溅的火星。

（3）挡屑板的宽度应大于防护罩外圆部分宽度。

（4）挡屑板应能够自由调节。随砂轮的磨损，挡屑板与砂轮圆周表面的间隙应≤6 mm。

（5）砂轮机防护罩在砂轮主轴中心水平面以上的开口角度≤30°时，可不设挡屑板。

3．砂轮无裂纹、无破损。

（1）砂轮必须完好无裂纹、无损伤。安装前应目测检查，发现裂损，严禁使用。

（2）禁止使用受潮、受冻的砂轮。

（3）选用橡胶结合剂的砂轮不许接触油类，选用树脂结合剂的砂轮不许接触碱类物质，以防止降低砂轮的强度。

（4）不准使用存放超过安全期的砂轮，此类砂轮会变质。树脂结合剂的砂轮存放期为1年，橡胶结合剂的砂轮存放期为2年，以制造厂说明书为准。

4．托架安装牢固可靠。

（1）托架要有足够的面积和强度。

（2）托架靠近砂轮一侧的边棱应无凹陷、缺角。

（3）托架位置应能随砂轮磨损及时调整间隙，间隙应≤3 mm。

（4）托架台面的高度与砂轮主轴中心线应等高或略高于砂轮中心水平面10 mm。

（5）砂轮直径≤150 mm时，砂轮机可不装设托架。

5．法兰盘与软垫应符合安全要求。

法兰盘的作用一是将电动机轴动力传到砂轮上，二是确保砂轮运行的稳定。若选用不当，可能会造成砂轮的破裂。

（1）切割砂轮机的法兰盘直径不得小于砂轮直径的1/4，其他砂轮机法兰盘的直径应大于砂轮直径的1/3，以增加法兰盘与砂轮的接触面。

（2）砂轮左右法兰盘直径和压紧宽度的尺寸必须相等。形状大小不同或扭曲不平的法兰盘，当用螺母拧紧时，砂轮会因受力不均匀产生变形而破裂。

（3）法兰盘应有足够的刚性，压紧面上紧固后必须保持平整和均匀接触。

（4）法兰盘应无磨损、弯曲、不平、裂纹，不准使用铸铁法兰盘。

（5）砂轮与法兰盘之间必须衬有柔性材料（如石棉、橡胶板、纸板、毛毡、皮革等），其厚度为1～2 mm，直径应比法兰盘外径大2～3 mm，以消除砂轮表面的不平度，增加法兰盘与砂轮的接触面。

6．砂轮机运行转动时应平稳、无跳动，砂轮磨损量不超标且在有效期内使用。

（1）砂轮机架应具有一定的刚度和稳定性（装在紧固的地基上以防振动）。

（2）砂轮机运行时，应无明显的径向跳动。

（3）砂轮的旋转速度不得超过砂轮的圆周安全速度，否则离心力会超过黏合剂的黏结能力，造成砂轮破裂。砂轮工作线速度不应超过生产厂家规定的速度。

（4）砂轮磨耗到一定程度后必须更换，当砂轮磨损到直径比卡盘的直径大10 mm时应更换。

7．砂轮机金属外壳必须连接可靠，砂轮机控制电器应符合规定。

（二）行为检查

1．砂轮机要有专人负责，经常检查，以保证正常运转。

2．更换新砂轮时，应切断总电源，同时安装前应检查砂轮片是否有裂纹，若肉眼不易辨别，可用坚固的线把砂轮吊起，再用一根木头轻轻敲击，静听其声，金属声则优，哑声则劣。

3．安装砂轮时，螺母紧固得不得过松、过紧，使用前应检查螺母是否松动。

4．砂轮安装好后，一定要空转试验2～3分钟，其运转应平衡，保护装置应妥善可靠。测试运转时，应安排两名工作人员，其中一人站在砂轮侧面开动砂轮，如有异常，由另一人在配电柜处立即切断电源，以防发生事故。

5．凡使用者要戴防护镜，不得正对砂轮，而应站在侧面。使用砂轮机时，不准戴手套，严禁使用棉纱等物包裹刀具进行磨削。

6．开动砂轮时必须转速稳定后方可磨削。磨削刀具时应站在砂轮的侧面，不可正对砂轮，以防砂轮磨片破碎飞出伤人。

7．同一块砂轮上，禁止两人同时使用，更不准在砂轮的侧面磨削，严禁围堆操作和在磨削时嬉笑与打闹。

8．磨削时的站立位置应与砂轮机成一夹角，而且接触压力要均匀，严禁撞击砂轮，以免碎裂。砂轮只限于磨刀具，不得磨笨重的物料或薄铁板以及软质材料（铝、铜等）和木质品。

9．磨刃时，操作者应站在砂轮的侧面或斜侧位置，不要站在砂轮的正面，同时刀具应略高于砂轮中心位置。不得用力过猛，以防滑脱伤手。

10．砂轮不准沾水，要经常保持干燥，以防湿水后失去平衡，发生事故。

11．不允许在砂轮机上磨削较大较长的物体，以防震碎砂轮飞出伤人。

12．不得单手持工件进行磨削，以防脱落在防护罩内卡破砂轮。

13．必须经常修整砂轮磨削面。当发现刀具严重跳动时，应及时用金刚石笔进行修整。

14．磨削完毕，应关闭电源，不要让砂轮机空转。同时要经常清除防护罩内积尘，并定期检修更换主轴润滑油脂。

（三）作业环境

1．砂轮机安装的地点应保证人员和设备的安全。

（1）多台砂轮机应安装在专用的砂轮机房内，单台可安装在人员流动较少的地方。

（2）砂轮机的开口方向应尽可能朝墙，不能正对着人行通道，或附近不能有设备及操作的人员。

（3）如果砂轮机已经安装在设备附近或通道旁，应在距砂轮机开口1～1.5 m处设置1.8 m金属网加以屏障隔离。屏护金属网的网孔为10～20 mm。

（4）砂轮机不得安装在有腐蚀性气体或易燃易爆场所。

2．有两台以上（含两台）的砂轮机安装在同一房间内时，应配有除尘装置。